Noncontact Measurement Technology
and Synthetic Application

非接触式测量技术及综合应用

石光林　尹辉俊　罗信武　编著

U0228598

化学工业出版社
·北京·

内 容 简 介

非接触式测量以光学成像为基础，结合计算机视觉技术和几何量测量原理，无需接触被测物体，具有分辨率高、采集数据快、全场测量、成本低和精度高等优点，已被广泛应用于航空航天、汽车、医疗和古文物保护等领域。目前，非接触式测量已经成为精密工程重要的研究方向，并为我国精密工程发展战略提供有力的技术支撑。

本书综合和归纳了当前在逆向工程中常见的非接触式测量设备系统的工作原理、关键技术特点、操作规范等，并通过工程实践应用案例使读者能够掌握非接触式测量技术的基本理论、基本思想和基本方法，通过理论联系实际，便于读者更好地理解和掌握所学内容，并为进一步学习和研究测量技术理论与方法打下良好基础，具有广泛的适应性。编写本书的目的是给读者提供一个逆向工程中非接触式测量技术的学习平台。

本书可供高等院校机械、汽车、工业设计等相关专业的本科生和研究生作为学习教程及实践教材，对相关领域的专业工程技术人员也具有较高的参考价值。

图书在版编目（CIP）数据

非接触式测量技术及综合应用 / 石光林，尹辉俊，
罗信武编著. —北京 ： 化学工业出版社，2022.8（2023.8 重印）
ISBN 978-7-122-41372-7

Ⅰ.①非⋯ Ⅱ.①石⋯ ②尹⋯ ③罗⋯ Ⅲ.①测量技
术 Ⅳ.①TB22

中国版本图书馆 CIP 数据核字（2022）第 077060 号

责任编辑：张海丽　　　　　　　　　　　　装帧设计：张　辉
责任校对：田睿涵

出版发行：化学工业出版社（北京市东城区青年湖南街 13 号　邮政编码 100011）
印　　装：北京科印技术咨询服务有限公司数码印刷分部
710mm×1000mm　1/16　印张 11¼　彩插 3　字数 190 千字
2023 年 8 月北京第 1 版第 3 次印刷

购书咨询：010-64518888　　　　　　　　售后服务：010-64518899
网　　址：http://www.cip.com.cn

定　价：98.00 元　　　　　　　　　　　　版权所有　违者必究

前 言

随着科学技术和工业的发展，现代工业的生产效率越来越高。测量技术在质量控制、逆向工程、自动化生产以及生物医学工程等方面的综合应用日益重要。传统的接触式测量技术存在测量时间长、需进行补偿、不能测量弹性或脆性材料等局限性，因而不能满足现代工业发展的需要。近年来伴随着光学和电子元件的广泛应用，非接触式测量技术已经成为十分重要的测量方法和手段之一，逐渐成为研究热点。

非接触式测量方法以光电、电磁、超声波等技术为基础，在仪器的感受元件不与被测物体表面接触的情况下，即可获取被测物体的各种外表或内在的数据特征，可以远距离、非破坏性地对待测物体进行测量，对物体影响小，同时也避免过于限制待测物体，适应复杂环境能力强，尤其对高温、高速、大变形、破坏等工况研究有常规测量无法比拟的优势。其测量基于光学原理，具有高效率、无破坏性、工作距离大等特点，可以对物体进行静态或动态的测量。此类技术应用在产品质量检测和工艺控制中，可大大节约生产成本，缩短产品的研制周期，大大提高产品的质量，因而备受人们的青睐。典型的非接触式测量方法包括激光三角法、电涡流测量法、超声波测距法、立体视觉法等。

本书内容共8章。前6章分别讨论了非接触式测量工作原理、关键技术特点、应用和发展，以及光栅式扫描测量、手持式激光测量、多模式手持式白光测量、工业CT扫描测量、常见的点云数据格式及处理流程，详细阐述了部分常用的光学法和非光学法测量技术及相应的测量仪器，并结合相关测量方法说明了这些非接触测量方法的原理、优缺点、精度及适用范围。为便于读者的学习和应用，争取做到重方法、重应用、重能力的培养。第7章介绍了Geomagic Design X逆向建模的操作基本方法与步骤。第8章通过综合应用实例进行了适当的理论性分析，指出了未来非接触测量技术的发展趋势。通过本书的学习，读者可掌握非接触式测量技术的基本理论和基本方程，掌握应用Geomagic Design X进行逆向建模的操作方法，加深对逆向工程中非接触式测量技术的理解。

　　本书的主要特色：①本书内容既系统又简明、既重视理论又强调实际，包括了非接触式测量技术的基本原理及使用方法，便于有关工程技术人员阅读，亦可作为工科院校相关专业的本科生和研究生教材；②本书介绍了实用有效的非接触式测量技术方法，便于解决实际工程中的测量问题，读者学完之后，可以将所学应用于解决一些实际问题；③本书包含工程实际中的多种非接触式测量技术的实例，便于培养出理论与实际相结合、把所学理论应用于实际以解决工程问题的科技人才。

　　本书第1~4章、第8章由石光林编写，第5、6章由尹辉俊编写，第7章由罗信武编写。在本书撰写过程中，参考了一些国内外资料。在此，谨向参考文献作者表示衷心感谢。本书的编写也得到了柳州市36中刘丽老师、柳州市鑫鼎科技有限公司高聪以及广西科技大学研究生刘文选、陈嘉键、姚雪颖、商搏世、王文枫、赵帅等的大力支持，在此表示衷心感谢。

　　限于水平，本书中一些缺漏和不当之处，敬请读者不吝批评指正。

编著者

2022年3月

目 录

1

非接触式测量技术概述

随着现代技术的发展，现代工业的生产效率也越来越高。测量技术的发展程度已经逐渐成为一个国家科技水平的象征。就目前来看，科技水平高速发展，在生产和生活中对各种尺寸要求越来越多，对测量的环境、测量效率和精度的要求也越来越高。

传统的游标卡尺、千分尺等接触式量具、量仪效率低下、稳定性不高，而且由于量具直接接触工件表面，不可避免会对工件或者量具造成损伤。非接触式测量技术应运而生。经过长时间的发展，非接触式测量技术的种类越来越多，主要以光电、电磁、超声波技术为基础，出现了核磁共振法、X射线扫描法、电涡流测量法、结构光法、激光三角法、激光测距法、干涉测量法、立体视觉法、超声波测距法等各种各样的光学法及非光学法的非接触式测量技术。

1.1 非接触式测量分类及工作原理

1.1.1 声学测量法

声学测量法主要用于测距，其中超声波测距技术应用比较广泛。超声波是指频率高于20 Hz的机械波。为了以超声波为检测手段，必须产生超声波和接收超声波。要求使用高频声学换能器，来进行超声波的发射和接收。超声波的指向性很强，在固体介质中传播时能量损失小、传播距离远，因此常用于测量距离。

工作原理：已知超声波在某介质中传播速度的情况下，当超声波脉冲通过介质到达被测面时，会反射回波，通过测量仪器测量发射超声波与接收到回波之间的时间间隔，即可计算出仪器到被测面的距离。利用超声波检测速度快，灵敏度高，仪器体积小，精度也能达到大部分工业应用的要求。超声波测距仪和超声波测厚仪是超声波测距技术应用的两个典型例子。超声波测距技术受环境的温度、湿度、传播介质的影响较大，测量精度往往不高，还有待发展高精度高适应性的超声波测距技术。

声学信号分析工作站组成框图如图 1-1 所示。

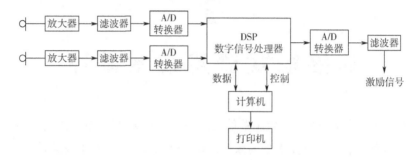

图 1-1　声学信号分析工作站组成框图

1.1.2　磁学测量法

表征宏观磁场性质的基本物理量和反映材料磁特性的各种磁学参量的测量。前者又称磁场测量，后者则根据磁性材料的不同进行测量，主要有永磁材料测量、软磁材料测量、硅钢片磁特性测量等。磁学量测量是电磁测量的重要内容，用于研究物质的磁结构和各种磁现象，以及探索这些现象所遵循的规律。

工作原理：核磁共振成像技术是磁学测量法的代表技术，其原理是利用核磁共振原理，在主磁场附加梯度磁场，用特定的电磁波照射放入磁场的被测物体，使物体内特定的原子核发生核磁共振现象，从而释放出射频信号，将这些信号经过计算机处理后，就能得知组成该物体的原子核的种类和在物体内的位置，从而构建出该物体的内部立体图像。核磁共振成像在 20 世纪 70 年代后期迅速兴起，已成为研究高分子链结构的最主要手段。相比其他传统检测方法，核磁共振法能够保持样品的完整性。同时，其在医学领域广泛应用，用于提取人体内部器官的三维轮廓，为医生制定医疗方案提供有力证据。不过，核磁共振技术精度依然不及高精度的机械测量技术，而且测量速度较慢，对被测物体也有材质、体积方面的要求。

1.1.3　X 射线扫描法

X 射线是 19 世纪末、20 世纪初物理学的三大发现之一，标志着现代物理学的产生。工业 CT，即工业计算机断层扫描成像，主要用于工业构件的无损检测。

　　工作原理：用 X 射线束在一端沿一定方式照射被测物体，高灵敏度的检测器在另一端接收透过被测物体的 X 射线，将所得信号交由计算机进行处理后，重构出被测物体的三维图像或者断层图像。工业 CT 系统的检查对象是大型高密度物体，不需要精密的固定设备和其他前期处理措施，不受被测物体表面复杂程度的限制，就能够无损地测量物体内外表面；缺点是成本高，获取数据的时间较长，X 射线对人体有一定的危害，同时工业 CT 的分辨率与被测工件的外形有关，对不同的工件分辨率也不尽相同。高灵敏度的检测器和用于提高射线功率的直线加速器是工业 CT 的发展重点。

　　工业 CT 的结构工作原理图和装置图分别如图 1-2 和图 1-3 所示。

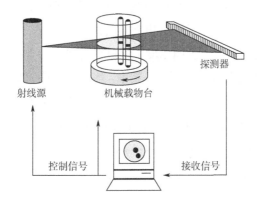

图 1-2　工业 CT 结构工作原理图

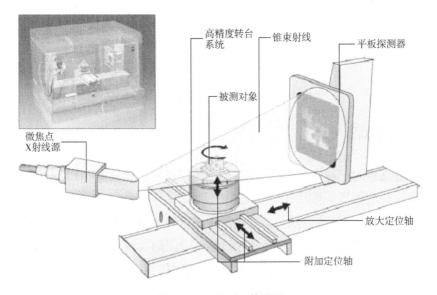

图 1-3　工业 CT 装置图

1.1.4 电涡流测量法

根据法拉第电磁感应原理，块状金属导体置于变化的磁场中或在磁场中做切割磁力线运动时，导体内将产生涡旋状的感应电流，此电流叫电涡流，以上现象称为电涡流效应。电涡流传感器是基于电涡流效应工作的一种传感器，具有可靠性高、灵敏度高、响应速度快等特点。

工作原理：传感器线圈通入交变电流产生磁场，使金属导体产生感应电流，感应电流产生的磁场会削弱线圈产生的磁场，影响线圈的电感量，金属导体与线圈距离的变化引起感应电流的变化，相应改变传线圈的电感量，通过测量该电感量的变化值，即可测出线圈与导体的距离。电涡流传感器体积小，连续工作可靠性高，能对位移、速度、应力、厚度、表面温度、材料损伤等进行非接触式测量，特别是在高速运动机械的状态分析中应用较广。其中，具有代表性的是电涡流测速传感器和电涡流厚度传感器。电涡流测量技术的缺点是被测物体必须是一定厚度的金属导体且表面光滑，传感器线圈周围不允许有其他金属端面。

电缆偏心测量装置原理框图如图 1-4 所示。

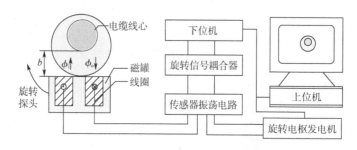

图 1-4　电缆偏心测量装置原理框图

1.1.5 结构光法

结构光法作为一种主动式、非接触的三维视觉测量新技术，在逆向工程、质量检测、数字化建模等领域具有无可比拟的优势。

工作原理：投影结构光法是结构光测量技术的典型应用，其原理是用投射仪将光栅投影于被测物体表面，光栅条纹经过物体表面形状调制后会发生变形，其变形程度取决于物体表面高度及投射器与相机的相对位置，再由接收相机拍摄其变形后的图像并交由计算机依据系统的结构参数做进一步处理，从而获得被测物体的三维图像。结构光视觉检测具有大量程、非接触、速度快、系统柔性好、精度适中等优点。但是由于其原理的制约，不利于测量表面结构复杂的物体。

投影结构光三维测量系统原理如图 1-5 所示。国外线结构光测量的产品如图 1-6 所示。

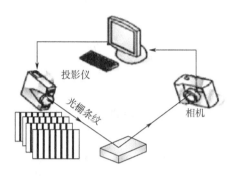

图 1-5　投影结构光三维测量系统原理图

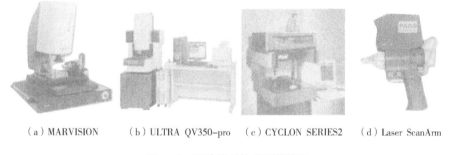

（a）MARVISION　（b）ULTRA QV350-pro　（c）CYCLON SERIES2　（d）Laser ScanArm

图 1-6　国外线结构光测量产品

1.1.6　激光三角法

激光三角法是非接触光学测量的重要形式，应用广泛，技术也比较成熟。激光位移传感器根据测量光路的不同分为斜射式和直射式。

工作原理：激光三角测量法是利用光线空间传播过程中的光学反射规律和相似三角形原理，在接收透镜的物空间与像空间构成相似关系，同时利用边角关系计算出待测位移（图 1-7）。根据入射激光和待测物体表面法线之间的夹角，可以将激光三角法测量分为斜入射和正入射两种情况：

斜入射：入射光线与待测物体表面法线夹角为 $\alpha > 0°$（图 1-8）；

正入射：入射光线与待测物体表面法线夹角为 0°（图 1-9）。

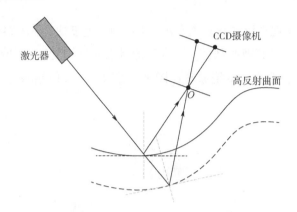

图 1-7　激光三角法测距系统原理图

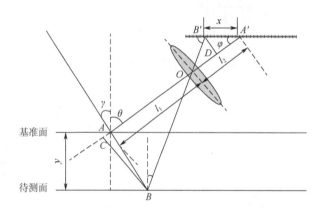

图 1-8　斜入射原理

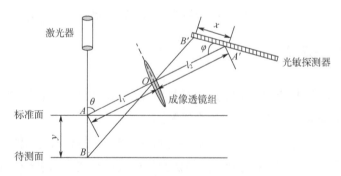

图 1-9　正入射原理

　　该方法结构简单，测量速度快，精度高，使用灵活，适合测量大尺寸和外形复杂的物体。但是，对于激光不能照射到的物体表面无法测量，同时激光三角法的测量精度受环境和被测物体表面特性的影响比较大，还需要大力研究高精度的三角法测量产品。

1.1.7 激光测距法

激光具有良好的准直性及非常小的发散角,使仪器可以进行点对点的测量,适应非常狭小和复杂的测量环境。

工作原理:激光测距仪一般采用两种方式来测量距离,即脉冲法和相位法。脉冲法测距的过程是,测距仪发射出的激光经被测量物体的反射后又被测距仪接收,测距仪同时记录激光往返的时间。光速和往返时间的乘积的一半,就是测距仪和被测量物体之间的距离。脉冲法测量距离的精度一般是在±10cm左右。另外,此类测距仪的测量盲区一般是1m左右。

激光测距是光波测距中的一种测距方式,如果光以速度 c 在空气中传播,在 A、B 两点间往返一次所需时间为 t,则 A、B 两点间距离 D 可用下式表示:

$$D = ct / 2$$

式中,D 为测站点 A、B 两点间距离;c 为速度;t 为光往返 A、B 所需的时间。

由上式可知,要测量 A、B 距离实际上是要测量光传播的时间 t,根据测量时间方法的不同,激光测距仪通常可分为脉冲式和相位式(图1-10)两种测量形式。典型的仪器是 WILD 的 DI-3000、真尚有的 LDM30X 。

> **注意:**
>
> 测相并不是测量红外或者激光的相位,而是测量调制在红外或者激光上面的信号相位。建筑行业有一种手持式的激光测距仪,用于房屋测量,其工作原理与此相同。

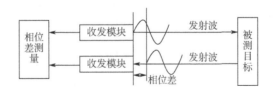

图1-10 相位式激光测距原理

1.1.8 干涉测量法

干涉测量是基于光波叠加原理,在干涉场中产生明暗交替的干涉条纹,通过分析处理干涉条纹来获取被测量的有关信息。

工作原理：当两束光满足频率相同、振动方向相同以及初相位差恒定的条件时，会发生干涉现象。在干涉场中任一点的合成光强为

$$I = I_1 + I_2 + 2\sqrt{I_1 I_2}\cos\frac{2\pi}{\lambda}\Delta \tag{1.1}$$

式中，Δ 为两束光到达某点的光程差；I_1、I_2 分别为两束光的光强；λ 为光波长。

干涉条纹是光程差相同点的轨迹，亮纹和暗纹方程分别如下：

$$\Delta = m\lambda \tag{1.2}$$

$$\Delta = \left(m + \frac{1}{2}\right)\lambda \tag{1.3}$$

式中，m 为干涉条纹的干涉级。

干涉仪中两束光路的光程差 Δ 可表示为

$$\Delta = \sum_i n_i l_i - \sum_j n_j l_j \tag{1.4}$$

式中，n_i、n_j 分别为干涉仪两束光路的介质折射率；l_i、l_j 分别为干涉仪两束光路的几何路程。

当把被测量引入干涉仪的一束光路中，干涉仪的光程差则发生变化，干涉条纹也随之变化。通过测量干涉条纹的变化量，可以获得与介质折射率 n 和几何路程 l 有关的各种物理量和几何量。

激光干涉测距技术原理如图 1-11 所示。

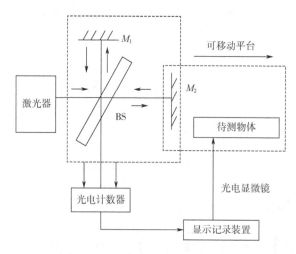

图 1-11　激光干涉测距技术原理框图（M_1 为参考平面，M_2 为目标平面）

常用的激光干涉仪是以激光为光源的迈克尔逊干涉仪，即由光源射出的一束光由分光镜分为测量光和参考光，分别射向参考平面和目标平面，反射后的两束光在分光镜处重叠并相互干涉。当目标平面移动时，干涉图样的明暗条纹会变化相应的次数并由光电计数器记下其变化次数，由此可以计算出目标平面移动的距离。按照光路不同，有分光路和共光路两种类型。激光干涉测量法的特点是测量精度非常高，测量速度快，但测量范围受到光波波长的限制，不适于大尺度物体的检测，也不适合测量凹凸变化大的复杂曲面，只能测量微小位移变化。

1.1.9　图像分析法

图像分析一般利用数学模型并结合图像处理的技术来分析底层特征和上层结构，从而提取具有一定智能性的信息。图像分析更侧重于研究图像的内容，包括但不局限于使用图像处理的各种技术，它更倾向于对图像内容的分析、解释和识别。因而，图像分析和计算机科学领域中的模式识别、计算机视觉关系更密切一些。

工作原理： 图像分析同图像处理、计算机图形学等研究内容密切相关，而且相互交叉重叠。图像处理主要研究图像传输、存储、增强和复原；计算机图形学主要研究点、线、面和体的表示方法以及视觉信息的显示方法。图像分析着重于构造图像的描述方法，更多的是用符号表示各种图像，而不是对图像本身进行运算，并利用各种有关知识进行推理。图像分析与关于人的视觉的研究也有密切关系，对人的视觉机制中的某些可辨认模块的研究可促进计算机视觉能力的提高。

立体视觉测量是基于视差原理，视差即某一点在两幅图像中相应点的位置差。通过该点的视差来计算距离，即可求得该点的空间三维坐标（图 1-12）。一般利用一个或多个摄像系统从不同方位和角度拍摄的物体的多幅二维图像中确定距离信息，形成物体表面形貌的三维图像。立体视觉测量属于被动三维测量方法，常常用于对三维目标的识别和物体的位置、形态分析，采用这种方法的系统结构简单，在机器视觉领域应用较广。

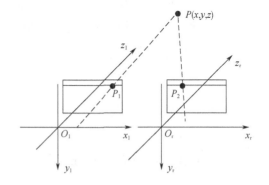

图 1-12　立体视觉的基本几何模型

1.2　非接触式测量关键技术特点

非接触式测量是以光电、电磁等技术为基础，在不接触被测物体表面的情况下，得到物体表面参数信息的测量方法。典型的非接触式测量方法包括激光测距法、电涡流测量法、声学测量法、视觉测量法等（图 1-13）。

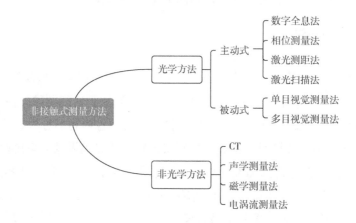

图 1-13　非接触式测量方法分类

非接触式测量具有其独特性且特征明显。非接触测量的优点：

① 排除接触式测量对柔性物体测量的人为等受力干扰。

② 可以测量一些不可接触的物体，如放射性物质、有毒有害物质的测量，人工无法进入的高温和高压等环境内的测量。

③ 许多非接触式测量是通过数字图像处理、计算机识别处理，因此信号采集速度比传统的接触式测量快得多。

1.3　非接触式测量的应用

1.3.1　非接触式机器人测量系统

随着科学技术和现代制造业的发展，工件的制造精度要求越来越高，因此对测量设备的精度和功能的要求也越来越高，而且新型专用的测量设备的需求也日益增多。传统的测量机大都基于一种几何坐标系，如笛卡儿坐标系、柱坐标系等。这些测量机，机械结构比较直观，控制算法简单，测量精度高，系统的误差模型经多年的研究已完善。但在有些特殊场合，这些测量机不能适应。而非正交坐标测量系统由于其所具有高的灵活性已经成为坐标测量机的发展趋势。经大量的调查研究、方案比较、参数的计算与优化、计算机仿真，充分考虑精度、效率、可靠性、操作性、空间的兼容性等，在基于直角坐标系与原柱坐标系的固定桥式关节机器人测量机等多种方案的基础上，为在有限的空间实现半球自动非接触式测量，将机器人测量机与激光非接触式测量传感器技术相结合，研制了一种新型的非接触式测量机器人（图1-14）。

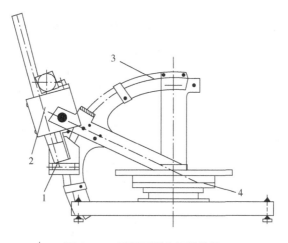

图 1-14 测量机器人机械结构

1—激光传感器；2—机械手；3—扇形轮；4—高精度回转台

1.3.2 激光经纬仪测量系统

（1）系统构成

激光经纬仪测量系统由经纬仪、氦氖激光管、激光启动电源及其附件（米准直波带片和可调两向支座）四部分组成，如图1-15所示。经纬仪应用光的直线传播特性，通过一定的光学机械装置获得所需直线或角度或点在空间的位置。因此，在船体测量中，经纬仪完全可以代替线锤、水平管等测量工具的作用。

（2）激光经纬仪在船体分段测量中的应用

采用激光经纬仪划分段垂直断面线（图1-16）的步骤如下：

① 确定分段的中心线为 OO_1，由此确定分段尺寸 AB；

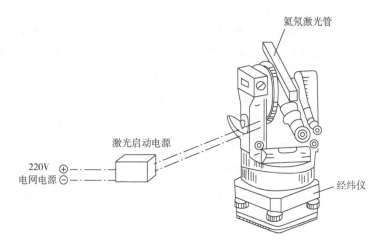

图 1-15　激光经纬仪的系统组成

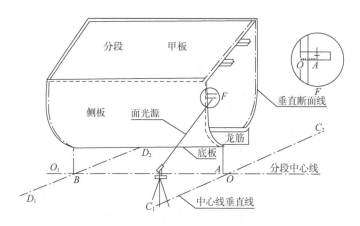

图 1-16　采用激光经纬仪划分段垂直断面线

② 过 A（B）点分别作 OO_1 的垂线 C_1C_2、D_1D_2；

③ 将激光经纬仪放置于直线 C_1C_2（D_1D_2）上对中整平，发射激光束与 C_1C_2（D_1D_2）上任意一点重合；

④ 回转望远镜，向分段余量上发射激光束得到一条线，即为所需一舷的垂直断面线；

⑤ 将仪器移到另一舷重复以上步骤，即得另一舷的垂直断面线。

1.3.3　近景摄影测量系统

近景摄影测量又叫非地形摄影测量，是通过摄影手段确定目标地形以外的外形和运动状态的学科，它是摄影测量与遥感学科的一个分支。也有人认为，摄影距离大约小于 300m 的摄影测量应称为近景摄影测量。近景摄影测量经历了模拟摄影测量、解析摄影测量，目前进入全数字近景摄影测量时代。

（1）测量原理

近景摄影测量，是通过在不同位置和方向获取同一物体两幅以上的数字图像，经捆绑调整、计算机图像匹配等处理及相关数学计算后得到待测点精确的三维坐标值，测量原理为三角形交会法，如图 1-17 所示。

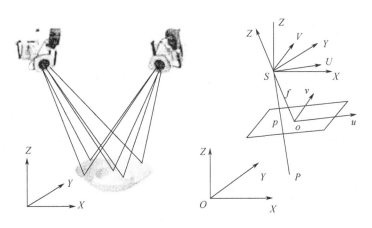

图 1-17　摄影测量原理

（2）测量系统组成

测量系统一般分为单台相机的脱机测量系统和多台相机的联机测量系统。测量系统组成如图 1-18 所示。

图 1-18　测量系统组成

单台相机脱机测量系统的测量精度较高，携带方便。多台相机联机测量系统，主要用于在不稳定的测量条件下提供实时测量。摄影测量其影响测量精度的主要因素有相机拍摄相片的质量、图像处理得到点的坐标算法的优劣、点的空间分布位置和标志点辅助控制点的分布。

（3）测量流程

① 在分段或者结构上布置一定数量的标志点；

② 利用摄像机获取目标物体的多张图像；

③ 通过姿态估计优化算法确定标志点的空间坐标；

④ 根据图像匹配算法确定被测点的空间三维坐标。

1.3.4　全站仪测量系统

全站仪由电子测角系统、电子测距系统和控制系统 3 大部分组成。全站仪测量系统的基本理念是从设计软件系统中导出分段的理论模型，利用三维测量系统软件将建模数据导入三维分析程序中，生成相应的分段关键点，关键点就是分段的理论数据，现场实际测量操作获取的实际测量数据与理论数据相对比的过程即为三维测量。

（1）坐标测量原理

全站仪测量系统采用空间极球坐标测量原理。电子测角系统获取目标点的水平角和天顶角，电子测量系统获取目标点到坐标原点的斜距，由此计算目标点的三维坐标。测量原理如图 1-19 所示。

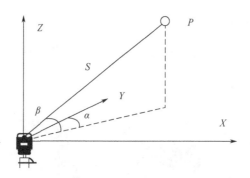

图 1-19　全站仪测量原理

（2）系统组成

① 全站仪、标靶、标准尺、通信供电控制接口、联机电缆等。

② 用于生产现场的三维测量程序。将它与现场所使用的测定仪器全站仪连接，由全站仪测得的分段的测量数据与设计数据对比，同时软件还提供了分段测定、分析、附加计算等功能，以便对实物分段的变形进行分析。

③ 一个机上的基于三维的分段变形分析程序，用来呈现结果图和数值。可以

对比设计资料，对实物分段的变形进行分析。

1.3.5 三维激光扫描测量系统

三维激光扫描技术（3D Laser Scanning Technology）是集光、机、电与计算机技术于一体的全自动高精度立体扫描技术，主要用于对物体外形与结构进行扫描以获得物体表面的空间三维坐标，又称为"实景复制技术"。它是从传统的测绘计量技术并经过精密传感工艺整合以及多种现代高科技手段集成而发展起来的，是对多种传统测绘技术的概括及一体化。

（1）坐标测量原理

三维激光扫描测量一般使用仪器内部坐标系统以激光发射点为坐标原点，X 轴在横向扫描面内，Y 轴在横向扫描面内与 X 轴垂直，Z 轴与横向扫描面垂直，如图 1-20 所示。

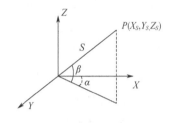

图 1-20 采用脉冲测距法的点坐标

（2）三维激光扫描系统组成

三维激光扫描系统由三维扫描仪、信息后处理软件、电源及便携三脚架、线缆、定标球及标尺等附属设备组成。该系统采用非接触式高速激光测量方式，获取地形或者复杂物体的几何图形数据和影像数据，然后由后处理软件对采集到的点云数据和影像数据进行处理，最终转换为绝对坐标系中的空间位置坐标或模型。扫描仪的分类如图 1-21 所示。

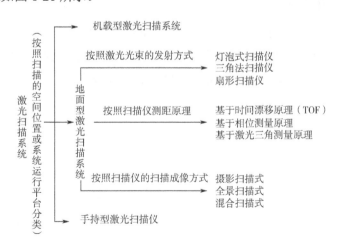

图 1-21 扫描仪的分类

1.4 非接触式测量的发展

通过对国内外各种非接触式测量技术和产品的分析，非接触式测量技术发展趋势主要有以下几点。

（1）高度集成化

非接触式测量技术原理成熟，但是现阶段的测量产品功能大多单一，不能够实现一机多用。以后的非接触式测量仪器将会实现高度集成化。以立体视觉相机为例，集成非接触式温度测量、位移测量、振动测量等将会大大提高产品的适用性，有利于降低企业购置量仪的成本，加快非接触式测量技术的推广应用。

（2）高精度高准确性

现阶段的非接触式测量技术产品的测量精度依然不及接触式测量技术，还需要大力发展高精度的光学元件、电子元件和优良的分析处理软件来提高仪器的测量精度，在适当考虑成本的情况下，最终能够实现全面超越接触式测量技术。

（3）对工作环境的要求降低

非接触式测量技术大部分依赖于光学元件，恶劣环境对于光学元件的工作精度和准确性有较大的影响。在恶劣的工作环境下，光学测量仪器甚至不能够正常工作，这是亟待解决的技术难题，也是非接触式测量技术的一个发展方向。

（4）高度智能化

随着工业技术的快速发展，要求测量仪器对于所测物体进行高度智能化的分析，这就要求非接触式测量技术朝着智能化的方向发展，如非接触式测量仪器能够智能化地分析被测物体，从而自动选择最优化的测量方法。

2

光栅式扫描测量

逆向设计是相对于传统的正向设计而言，通常是根据已有正向设计的产品，利用仪器进行产品数据采集，再进一步利用软件进行数据处理和模型重构，进而对重构的模型进行创新和改良，之后进入制造系统生产出新产品。

采用逆向设计的方法所得到的产品模型，因为是有实际的模型参考，能够根据要求实现快速创新设计，缩短产品开发周期。数据采集是第一步，完整、精确、光顺的数据将使后期的数据处理和模型重构变得简单而精确。掌握数据采集操作过程的技巧，可以起到事半功倍的效果。

2.1　光栅式扫描测量技术

光栅式扫描仪是以非接触式三维扫描方式工作，拼接简单，具有高效率、高精度、高寿命、高解析度等优点，特别适用于复杂自由曲面逆向建模，在逆向设计和产品设计中使用广泛。

光栅式扫描显示系统一般由 RGB 激光器、调制器、合色器、二维扫描系统、控制信号系统等主要部分构成，整体系统结构如图 2-1 所示。激光光栅式扫描显示系统通过 RGB 三种激光器分别提供红绿蓝三基色，信号发生部分产生三基色的信号对调整器进行控制，对三基色激光进行调整，调制后的三基色激光经过合色器得到需要呈现的彩色光束，光束经由同步信号控制的二维扫描系统后投射至屏幕上。

利用光栅式三维扫描仪进行数据采集时，首先要对仪器进行校准，在此有几个操作技巧：

① 设置默认项目路径和默认校准路径时，文件名尽量不要修改。特别要注意

的是，一般扫描软件都不支持中文目录，因此路径中不要包含中文字符。

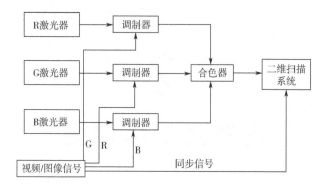

图 2-1　激光光栅式扫描显示系统基本组成

② 光栅式扫描仪是双镜头设置，将两个镜头设置好，其曝光延时采用默认大小，而相机光圈调节至其波浪线高低位于区域的 3/4 位置，并趋于平稳状态。

③ 校准板和扫描仪之间的距离不能太远，也不能太近，可根据产品大小适当调整；调节相机焦距，使投影到校准板上的光栅在最清晰的状态；在扫描产品时，产品和扫描仪之间的距离要与校准时的距离尽量一致。

④ 数据采集时，采集左上、中上、右上、左中、中中、右中、左下、中下、右下 9 个位置的正向、左倾、右倾 3 个方向，共 27 组数据即可，倾斜位置时以校准板的可视范围不超出两个镜头图像、光栅清晰为原则。

数据采集过程也比较好控制，精确性较高。但在点云数据采集时，需注意以下几个问题：

① 产品可以多角度摆放，采集多组数据，保证整个产品数据的完整性。

② 各组数据对齐时，要注意对齐的点，要耐心对齐，以保证产品表面光顺连接。

③ 在两组数据接近对齐时，系统会自动将数据对齐，此时一定要注意点云分布情况，有时会产生点云内外重叠现象，这在后期的模型重构时会产生问题。

④ 检查所有的数据对齐都没有问题后，选中所有数据组，全部对齐并合并。产品数据采集和对齐过程要认真、细致，但有时难免会存在一些小问题，这些问题可以在后期的数据处理软件中进行处理。

2.2　ATOS 光栅式扫描测量系统

在进行类似设计、CAD 结构、数字控制制造和质量保证等类型的工作时，常常要求采用 3D 数字技术有效、真实地测量物体，以便用计算机数字化描绘和再现各式真正的组件或模型。

使用 ATOS（Advanced Topometric Sensor）数字化系统，能快速测量各式物体，真实清晰地再现细节。ATOS 系统以三角测量原理为基础，从测量头装置（sensor unit）的中部投射不同的条纹到测量物体，然后由两个相机记录下这些条纹。每项单幅测量能创建多达 400 万的数据点（使用 ATOS Ⅲ/4M）。如果要数字化处理整个物体，需要从不同的角度多次测量。利用那些直接用在物体上的、位于测量板上的或者固定装置上的参考点（圆形标记），ATOS 系统自动将每项单个测量转换到一个公共的全局坐标系里。测量数据则分别提供作为点云、截面或 STL 格式（Stereolithography）等数据，以供在其他相关应用中使用。

2.2.1　ATOS 系统组成

ATOS 系统是一个独立系统，主要分为测量头装置（包含两个相机）、投影仪、支架、测量头装置的控制组件和高分辨率的个人计算机（Linux 系统）。在自动化方面，ATOS 可以与转动台或机械臂等一起，方便有效地完成自动操作任务。

根据用户需要，也可以基于微软操作系统使用 ATOS 软件（功能范围有限），完成 ATOS 测量项目的评估工作。GOM 公司提供有多种测量系统，其主要区别在于它们的条纹投影、相机和测量体积等内容。

应用范围：三维数字化测量材质不同、形状各异的各式物件，例如工件、模型和铸模等、不用直接接触物体就测量形成该物体的三维数据/生成 STL 或 CAD 数据、将修改的产品样件转换为 CAD 模型、在测量的物体和计算机数据（CAD 模型、点云或 STL 数据）范围比较其标称或实测数据、质量控制。例如，检测测量变形、制造缺陷以及回弹等。根据软件提供的虚拟装配，查对各部组件组装拟合的准确性、生成生产用的控制数据，或者生成用数控机床（即铣床）和快速成型、系统复制产品的控制数据（以任意曲面或多面体为基础）。

系统特点：自动转换扫描过程，操作简单。相机分辨率高，测量结果细节清晰明了。数据的精确度相当于水平臂坐标测量仪的精确度。摄影测量系统 TRITOP 配合 ATOS，可以完成数字化处理大型物体，在数字化过程中同时显示两幅实时图片，便于即时控制数字化进程。ATOS 系统具有质量控制（CAD 比较）和宏程序功能，便于利用系统进行简单的自动化操作，并方便用户按自己的习惯和需求进行操作。

2.2.2　测量流程

在测量物之前放置 ATOS 测量系统，用户按需要调整支架上的测量头（sensor）。测量时，测量头的两个相机随时记录下投射在物体表面的条纹图像。软件在短时间内计算出高精度的测量点云的三维坐标。每单幅测量画面里的点云数量可以高达 400 万个物点。针对结构复杂的物体，可以将物体分成几个部分分别进行测量。然后系统利用参考点，自动确定实测测量头的位置，并将各个测量转换到一个共同的物体坐标系里。操作人员可以通过计算机屏显随时监督测量项目的数字化进程。在执行测量任务时，测量系统会检查系统标定、测量物或测量头的平稳性以及环境光线的变化，确保即便是在测量条件不尽如人意的工业环境下，迅速得出高效精准的测量结果。

（1）ATOS 应用软件界面（图 2-2）

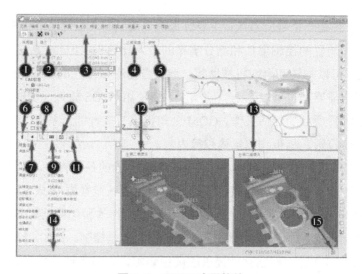

图 2-2　ATOS 应用软件

用户界面的组成部分及功能用途见表 2-1。

表 2-1　ATOS 应用软件功能用途

序号	名称	功能用途
❶	标签浏览器	此处包含了与某个测量项目有关的所有数据元素，如基元、检测点、RPS 点、偏差数据（CAD 比较）等。只需在这些元素上单击一下鼠标右键，随即打开与其相关的上下文菜单
❷	标签图片	该标签位于测量模块。该标签下列出了测量的所有二维图片

续表

序号	名称	功能用途
❸	工具栏	在此处单击鼠标右键，会提供各种不同的工具栏显示选择。用户还可以拖拉工具栏，将其移动放置在软件界面的右侧
❹	三维视图标签	三维视图
❺	快照标签	显示和编辑报告的标签
❻	信息标签	此处可以找到在浏览器里选择的元素的信息
❼	全局坐标参考点标签	此处列出了测量项目里的全局坐标参考点
❽	元素标签	此标签下显示了不同元素的浏览器视图，如适配器、探针、特征等。特征类是指基于二维图片创建的三维物体。用户可以选择元素，将其设置为可见或者不可见，或者执行其他更多的功能
❾	测量标签	测量模块里，可以在测量标签下调整测量参数设置，如曝光强度等，然后开始执行有效的测量
❿	标签光栅	在测量模块里用于分析事宜
⓫	三维浏览标签	软件次浏览器里显示的是三维视图的概况。如当查看一个被扩大的物体时，可以更准确地定位辨认查看的部位。这里有三个可见选项以供选择。另外，还可以定义剪裁面。测量物在三维视图中被剪裁面遮藏的部分，再次浏览器里则表现为剪裁面视觉上"切割"了该物体
⓬	左侧二维图片	在测量模块里显示左侧相机的视图。此标签下可以选择需要显示在三维视图里的数据，或者选择需要测量的某一区域（在开启/停止测量模式里）
⓭	右侧二维图片	在测量模块里显示右侧相机的视图
⓮	状态指示栏	此处显示了测量项目的重要信息和当前命令
⓯	取消键	精细计算过程中按此取消键，将取消计算

（2）工具栏

本软件的工具栏式样各异，如有针对视图的工具栏、选择操作的工具栏，或者用于快照编辑的工具栏等。右击某工具栏区域，利用随之出现的上下文菜单的选项，可以选择启用或禁用该工具栏。

2.3 鼠标的功能

一般情况下，主要使用鼠标操作 ATOS 软件。在软件的不同窗口下，赋予鼠标的左、中、右键和其滑轮的操作功能也不同。鼠标中键和滑轮是同一个控制件。

2.3.1　鼠标左键和中键的功能

- 旋转物体：在三维视图中，按住并拖拉鼠标左键（LMB）。
- 以击点为中心旋转物体：在三维视图中，按住 Shift 键并按住和拖拉鼠标左键（LMB）。
- 以正对击点的法向方向显示物体：按住 Shift 键，并在三维视图中单击鼠标左键（LMB）。
- 选择具体的元素项目：在浏览器、次浏览器、三维视图中或是在报告中，用鼠标左键（LMB）单击某一项元素。
- 选择连贯的元素：在按住 Shift 键的同时，用鼠标左键（LMB）在浏览器或次浏览器中单击其中的某一个元素。
- 一次性选择多个独立的元素：在按住 Ctrl 键的同时，用鼠标左键（LMB）在浏览器、次浏览器、三维视图中或是报告中单击其中的某些个元素。
- 编辑元素的属性：在浏览器、次浏览器、三维视图中或是在报告，用鼠标左键（LMB）双击某一元素，这时屏幕上会出现与该元素相关的编辑属性对话窗口。
- 设置项目参数：在浏览器中，用鼠标左键（LMB）双击项目，这时屏幕上会出现与项目相关的参数设置对话窗口。
- 设置测量参数：在浏览器或三维视图中，用鼠标左键（LMB）双击某个测量，这时屏幕上会出现与该测量相关的测量参数设置对话窗口。
- 选择某帧（frame）里所有元素并将之显示可见：按住 Ctrl 键的同时，在三维视图中或是在一个报告中单击并拖拉鼠标左键（LMB）。
- 在对话窗口开启的情况下实施选择：利用 Ctrl 加上鼠标左键（LMB）进行选择。
- 转动物体：在三维视图中，按住并拖拉鼠标中键（鼠标滑轮）。
- 缩放功能：在三维视图、二维图片或者报告中，轻轻滑动鼠标中键滑轮。
- 特别细节的缩放显示：在三维视图、二维图片中或是一个报告中，在按住 Ctrl 键的同时，用鼠标中键按住并拖拉出物体上需要缩放的细节部分。
- 在数值框里每滑动一次鼠标滑轮，缺省增值的数值就以每次 1/10 的形式变动一次。缺省增值与参数紧密相关，一旦事先设置了缺省增值，就不会随机变动。
- 按住 Shift 键的同时，在数值框里滑动鼠标滑轮，每滑动一次，缺省增值的数值就以每次 1% 的形式变动一次。缺省增值与参数紧密相关，一旦事先设置了缺省增值，就不会随机变动。
- 按住 Ctrl 键的同时，在数值框里滑动鼠标滑轮，每滑动一次，缺省增值的数值就以每次 1 的形式变动一次。缺省增值与参数紧密相关，一旦事先设置了缺省增值，就不会随机变动。

• 有时需要直接在三角形表面或是三角形的某条边线上设置点。此时只需在按住 Ctrl+Shift 组合键的同时，在需要的位置单击鼠标左键，即完成设置。

这些方法在测量模块和后处理模块均可使用。

2.3.2　鼠标右键（RMB）的功能

根据鼠标右键（RMB）单击的元素以及单击所处的窗口或对话框位置的不同，随之出现的鼠标右击上下文菜单功能也就不同。通过单击鼠标右键可以实现编辑元素、插入关键词等很多功能。

2.4　测量头

2.4.1　标定

为了保持测量过程中测量系统的测量体积稳定不变，需要在标定物的帮助下调整测量系统，也就是所谓的"标定"。

适合 ATOS 测量系统的标定物有两种：标定盘和十字形标定架，如图 2-3 所示。标定物有不同尺寸之分。根据标定物的类型和尺寸，各标定物的外观稍有不同。针对标定物配备有参考点。在使用十字形标定架之前，首先用随货配备的球形栓固定该标定物，以便倾斜和转动标定物。

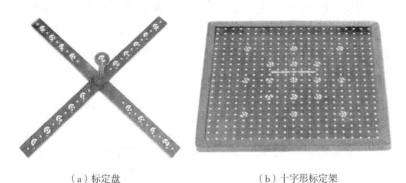

（a）标定盘　　　　　　　　　　（b）十字形标定架

图 2-3　适合 ATOS 测量系统的标定物

标定物含有比例尺信息。根据测量头的类型，一般标定盘有一个或两个标尺。两个特定点之间的距离就是标尺的尺度。十字形标定架有两个标尺，即每个十字轴上特定两点之间的特定距离。

（1）选择标定物

选用哪个定标物合适，取决于用户希望使用的测量体积。在用户硬件使用手册的测量头配置表部分详细列出了与不同测量体积相对应的标定物。标定系统时请注意选用与测量体积相符合的标定物，否则会造成测量失误。

（2）标定物的使用

小心使用标定物，防止弄脏或划伤标定物。尽量避免接触标定物表面。每次使用完成，应仔细清洁留下的印记。

（3）何时需要执行标定？

① 在最开始进行测量之前，必须标定相关的 ATOS 测量体积。

② 如果调整相机镜头或者改变相机间位置（如相机支架长度有变时），此时就要求再次标定系统。除了系统的单相机功能（请参看第 3 章），投影头设置变化不会对标定产生影响。

③ 如果系统提示标定失效，此时就需要执行新的标定。

（4）放置标定物

标定物应该放在测量体积的中心位，要注意使屏幕上的十字准线的垂直红线与投影的十字的垂直黑线重合（请参看在线帮助），并遵照软件的提示执行操作。

为保持测量体积完整，在标定过程中需要注意随时移动测量头。常规如下：以测量体积中心位为准，将测量头向标定物方向移动占测量体积高度 1/3 的距离；反方向移动占测量体积高度 1/2 的距离。当使用十字形标定架时，在倾斜十字形标定架时注意标定架不能接触地板，以避免标定过程中因变形效应而导致错误结果。

（5）标定结果

标定结束时，软件显示标定结果。高质量的标定结果其标定偏差在 0.01~0.04 像素。

另外，一个带有两个比例尺信息的标定物，它的标定比例尺调整偏差不能超过标定比例尺的 0.005%。偏差越高，表明标定物或者比例参数的精确度越差。

2.4.2 调整测量头到另外的测量体积

（1）何时需要调整测量头？

最理想的测量状态是测量物位于测量体积之内。根据测量物的尺寸，可以在用户硬件使用手册的测量头配置表部分查找到测量时应该具有的测量体积。根据要测量的物体，必须正确装配配套的测量头和镜头。

一个大的测量物在细节部分需要的精度更高，此时可以使用一个较小的测量体积。根据新的测量体积，此时可能需要给测量头配备另外的相机和镜头。

（2）标定原理

标定时需要确定测量头配置，这就意味着需要确定相机之间的距离和相机的相互取向。另外，还需要确定焦点、透镜变形之类的相机图像特征。基于这些设置，软件根据二维图片中标定物的参考点，计算出参考点的三维坐标。这些计算出的三维坐标，会在二维相机图片中重新计算。其后由此得出参考点位置的参考点偏差（交集错误）。改变投影头的镜头（如焦距）不会对标定产生影响。

（3）快速标定

如果在某次测量过程中出现标定失效的提示（如轻微碰击了相机时），此时用户可以执行一次快速标定。在快速标定过程中，需要更换三次标定物的摆放位置：开始是测量体积中心位，接下来是远离测量头，最后是接近测量头。生成的三幅新图片与原标定结合，就可计算出用于随后测量的新的标定。

在记录测量项目过程中使用此方法，方便快速。不过此时相机图像特征不能有任何改变。如果必须要换新的镜头，那么就必须从头执行完整的新标定。

2.4.3 标定操作向导

① 调整测量头。注意二维实时影像里投影的十字准线的垂直线与投影的十字线的垂直线重合（在标准测量距离的情况下），并且测量头垂直正对白色平面（图2-4）。

② 执行完操作向导指示的每个步骤，在二维相机图片里显示测量结果。点滑动投影效果如图2-5所示。

③ 得到带有识别点（绿线）的二维相机图片（图2-6），其他步骤请遵循标定向导的指示执行。

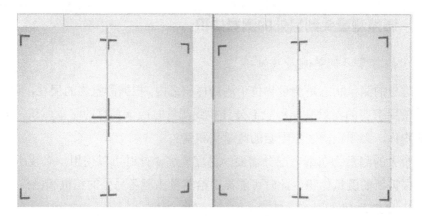

图 2-4　实时影像投影位置

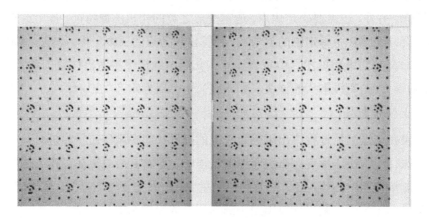

图 2-5　点滑动投影效果

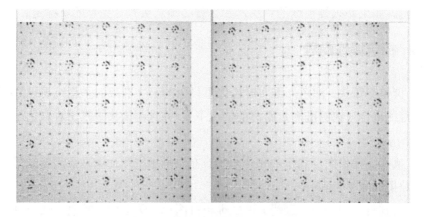

图 2-6　二维相机图片（见书后彩插）

④ 要求用户评估测量质量。测量结果良好的二维相机图片。

图 2-7 良好的二维相机图片

2.5 测量流程

测量体积一般与测量物的尺寸关系不大，因为使用测量摄影系统，TRITOP 也可以测量大型的物体。不过选择合适的测量体积时应该注意，测量物应该尽量占满测量体积的空间。

总之，用户希望测量到的测量物的细节如何，这一因素对选择正确的测量体积起到非常重要的作用。要能有效表现这些细节，测量点距离起到了很重要的作用。细节分辨度越高，要求的测量点距离就越短。

（1）测量点清晰度、测量体积和测量物之间的关系

每次测量，按相机的分辨率而形成对应的测量点云（如 ATOSⅢ/4M 系统每次大概形成 4 百万个点）。相机分辨率为 1400×1040，测量体积为 700mm×560mm×560mm 的 ATOSⅡ600 系统，其测量点距离为 0.5mm（700mm 除以 1400pixels 等于 0.5mm）。该值代表的并不是测量的清晰度，而是与测量体积相关的众多测量点之间的距离（图 2-8）。如果要数字化测量距离小于既定参考点距离的表面结构，需要选用小一些的测量体积来记录这些结构。

如果不存在更小的表面结构，或者这些表面结构对于测量任务并不重要，此时就可以选用较大的测量体积，有效减少扫描数量，并因此而节省操作时间。

以上所提准则对于用户正确选择测量方法非常重要。

用户硬件使用手册里的测量头配置表概括了测量体积和测量点距离之间的关系。

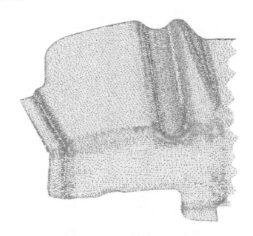

图 2-8　三维图里的测量点

（2）什么是理想的测量物？

物体的表面结构对测量物体起到重要作用。如果投射的条纹对比不足，相机不能有效记录这些条纹，那么软件也可以使用降低质量标准的数字化数据或者不完整的记录数据（表现为记录的测量物上有缺空）进行计算。

最佳的测量表面平整且亮度适宜，测量物的背景应该暗一些。

（3）为什么测量物需要喷粉？

如果测量物的对比度不高（如颜色太深或者透明），以致相机不能有效记录投影的条纹，此时就需要在测量物表面喷洒合适的辅助物（如二氧化钛粉）。

（4）什么是参考点？

参考点是指在测量物上粘贴或吸附的标记（测量标记）。参考点上有指定的几何图形且对比强烈（黑底白圈）。另外，参考点被用作连接各个单独测量的连接点，以便将这些单独的测量项目转换（transform）到共同的坐标系里。

参考点有未编码和编码两种。

ATOS 系统始终使用未编码参考点（图 2-9）。此类参考点又分为各种尺寸的圆形和方形测量标记。用户根据测量体积的大小选用尺寸合适的参考点。

图 2-9　未编码参考点（分别为方形和圆形）

编码参考点适用于摄影测量，如 TRITOP 系统。编码参考点围绕圆点有一个固定定义的条码（图 2-10）。基于此条码，TRITOP 软件可以从不同的相机图片准确识别出同一个参考点，由此在各个单独的二维图片之间进行相互转换，并准确定位测量物的位置和测量物上未编码参考点的空间位置。

在使用 ATOS 系统数字化测量大型物体之前，先使用摄影测量方式记录下该物体，因此，也可以在事后归纳 ATOS 使用的未编码点在空间的位置。

图 2-10　编码参考点

（5）什么是正确的参考点？

一般情况下，多次执行测量之后才能形成完整的三维物体。软件利用处于测量物上的或在测量物附近的参考点，将各个独立的测量项目转换到一个共同的坐标系，也就是说将各个测量项目完美拟合为一个共同的三维视图。ATOS 将自动精准识别这些参考点的三维坐标。

（6）什么是正确的参考点尺寸？

利用使用的测量体积，得出合适的参考点直径。

相机图片记录的参考点的大小（透视状态的椭圆）应该至少在 6~10 像素，才便于 ATOS 系统事后有效自动识别出这些点。

用户硬件使用手册里的测量头配置表概括了推荐的参考点尺寸（图 2-11，图2-12）。

图 2-11　可以自动识别的直径为
10pixels 的参考点

图 2-12　不能自动识别的直径为
3pixels 的参考点

（7）如何正确使用参考点？

• 注意只在平面或稍稍弯曲的表面使用参考点，并保持与边界之间有一定的距离。

• 参考点在测量体积里长、宽、高分配合理，并且在所有测量视图里清晰可见。

• 在每个单独的测量里要求至少能清晰记录到前一个测量的 3 个参考点，因此也就决定了测量体积里参考点的数量。不过并不意味着点越多测量精度就越高。

• 在放置参考点之前，用户应该确定是将参考点贴在测量物上还是放在测量物周围。

如果只在测量物上放置了参考点，其优点是可以随意移动测量物；缺点是因为这些参考点，在数字化后的三维数据里造成数据不全的小孔，只能事后再填补三维数据里的孔。

如果参考点只位于测量物周围，此时数字化数据里不会有孔，但是绝对不允许移动测量物，移动会造成数据缝隙。

用户只能根据具体情况确定参考点放置问题。表 2-2 列举了放置参考点的多种可能性。

表 2-2　参考点放置举例说明

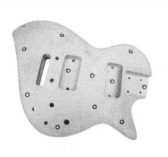	参考点只位于测量物之上： 　本例吉他箱体上的参考点布局合理。此时，参考点分布在相对平坦的地方，便于利用软件自动填补三维视图里留下的小孔，效果良好
	参考点主要位于测量物外围： 　本例的汽车模型位于一个标准转动台上，只能通过平转桌台以移动台上并未完全固定的汽车模型。汽车轮胎上的参考点（本图看不见的汽车的另一侧，在对应位置也有参考点）为全局参考点。利用全局参考点可以将分别测量的汽车上下两部分转换到同一个坐标系，形成一个全局三维视图。车顶的参考起到帮助提高转换各幅单个测量时的精确度的作用，否则所有点会位于一个平面

续表

参考点位于测量物外围：

本例是为便于进行快速数字化测量准备的金属薄板。测量图片里，不同层次上的参考点，满足了从不同测量角度测量物体，而其转换精确度极高。本例说明了所有空间里的参考点都应分布合理，从各个测量角度看都清晰可辨，以保证各个测量的转换精确度最佳

参考点位于固定测量物的外框上：

此处的移动电话外壳由对角导柱（diagonalpin）和完成标定的支撑外框固定在一起。这种方法适用于 ATOSSO/IISO/IIeSO/4M 等测量体积小的系统。支撑外框上预备完善的参考点，令操作简单方便。完成标定的支撑外框上配备有多个参考点，这些参考点的 *XYZ* 坐标已经事先存储在 ATOS 系统里。只需将该部分与一个转动设备配备在一起，可以方便有效地数字化测量相关物体。参考点越多，转换各个测量越方便。利用 ATOS 软件，可以填补由四个对角导柱造成的三维数据里的小孔

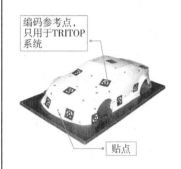

编码参考点，只用于TRITOP系统

贴点

带有编码和未编码参考点的测量物（TRITOP 和 ATOS 共用）：

在数字化测量图中形成完整的汽车模型之前，需要首先使用摄影测量系统 TRITOP 测量记录该模型。

当同时使用 TRITOP 和 ATOS 系统时，要确定这两个系统都能测量记录未编码参考点。其过程如下：用 ATOS 系统测量时，每个单独的测量中需要至少含有 3 个未编码参考点。ATOS 系统使用的测量体积决定了参考点的基本大小（编码和未编码）和未编码参考点间的最大距离。

接下来，将根据观察距离和使用的相机镜头调整 TRITOP 系统，以便此时也能测量记录下未编码参考点。更多相关信息，请参看配套的 TRITOP 用户手册。成功完成 TRITOP 测量之后，可以除去编码参考点和标尺

3

手持式激光测量

3.1 手持式激光测量技术

激光测量扫描技术是近年来出现的新技术，在国内引起越来越多研究领域的关注。它是利用激光测距的原理，通过记录被测物体表面大量密集点的三维坐标、反射率和纹理等信息，将各种大型实体或实景的三维数据完整地采集到计算机中，进而快速复建出被测目标的三维模型及线、面、体等各种图件数据。该技术集光、机、电和计算机技术于一体，主要用于对物体空间外形和结构及色彩进行扫描，以获得物体表面的空间坐标。且激光测量技术能实现非接触式测量，测量结果能直接与 CAD （计算机辅助设计）、CAM （计算机辅助制造）、CIMS （计算机集成制造）等系统接口，具有速度快、精度高的优点。由于三维激光扫描系统可以密集地大量获取目标对象的数据点，因此相对于传统的单点测量，三维激光扫描技术也被誉为从单点测量进化到面测量的革命性技术突破。该技术在文物古迹保护、土木工程、船舶设计、军事分析等领域也有了很多的尝试、应用和探索。

激光扫描仪内部构成包括激光光源及扫描器、光感检测器以及控制单元等部分。激光光源为密闭式，所以可适用于多种环境和情况，且易形成光束，目前较为常用的是低功率的可见光激光，如氦氖激光、半导体激光等。使用的扫描器多为旋转式多面棱规和双面镜，当光束射入扫描器后，即快速转动使激光光束反射成一个扫描光束。光束扫描全程中，若有部件挡住光线，便可以测到直径大小。测量前，必须先用两个已知尺寸的量规做校正，然后所有测量尺寸若介于此两量规间，经电子信号处理后，即可得到待测尺寸。因此，又称为激光测规。

三维激光扫描系统包含数据采集的硬件部分和数据处理的软件部分。按照载体的不同，三维激光扫描系统又可分为机载、车载、地面和手持型几类。这里主要介绍手持式激光扫描系统。手持式激光扫描系统是一种便携式的激光测距系统，可以精确地给出物体的长度、面积、体积测量，可以帮助用户在数秒内快速地测得精准、可靠的结果，应用范围包括古建筑重建、建筑测量、洞穴测量和液面测量等。此类型的仪器一般配有联机软件和反射片。手持式激光扫描仪均为短距离激光扫描仪，此类扫描仪最长扫描距离只有几米，一般最佳扫描距离为 0.6~1.2m，通常主要用于小型模具的测量。手持式激光扫描技术的原理是基于拍照式三维扫描仪原有基础上设计的，扫描创建物体表面的点云图，这些点可用来插补成物体的表面形状，点云越密集创建的模型更精准，可进行三维重建。若扫描仪能够取得表面颜色，则可进一步在重建的表面上粘贴材质贴图，即所谓的材质印射（Texture Mapping）。手持式激光三维扫描仪是分析和报告几何尺寸与公差（GD&T）的一种完美检测设备。

激光三角测量法是逆向工程中曲面数据采集选用最广泛的方法，具有数据采集速度快、扫描材质选择范围广、能精确地对复杂轮廓测量等特点。激光三角法测量的原理是让一束激光以一个角度聚集在被测物体某一区域的表面，此时物体表面上形成的激光光斑会以另外一个角度进行成像。正因为照射成像的原理，所以物体表面激光照射点的位置和接收散射、反射光线的角度是不同的。利用 CCD 光探测器测出光斑成像的位置计算出主光线的角度，从而物体表面激光照射点的位置高度也被计算出来。手持式激光扫描系统就是采用激光三角测量原理对物理模型的表面进行数据采集。简化的手持式激光测量系统如图 3-1 所示。

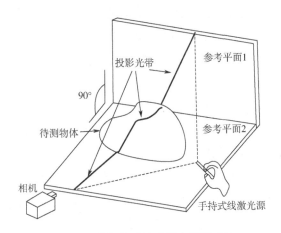

图 3-1 简化的手持式激光测量系统

利用手持式激光源，人为在待测物体表面投射光带，由数字式摄像机连续摄像，记录光带位置，通过光带投影本身所含信息，完成光源标定及光带空间坐标计算。因此以手持式线激光为工具，结合计算机视觉技术，可以实现一套配置简单、使用方便的测量系统，从而完成 3D 表面的重构。

3.2 HandyScan700 测量系统

HandyScan700 是形创公司全新推出的 HandyScan3D 系列手持式自定位三维扫描系统，该系统使得三维数字化扫描再次上升到一个新的高度，能够完成各种大小、内外以及逆向工程和型面三维检测应用。HandyScan700 是一个轻便的单体设备，总重量不足 1kg，能用单手轻松握住。该设备安装有环绕着白色 LED 灯的摄像头，任何人无须经验都可以扣动开关对物体表面进行扫描。扫描获得的图像可以通过 Creaform 的软件进行分析，生成高精度的三维几何图形。HandyScan700 扫描仪不仅是一个数据采集系统，也是其自身的定位系统，这意味着无须配备外部跟踪或定位设备，它使用三角测量法来实时确定自身与被扫描部件的相对位置。同时，HandyScan700 激光扫描仪使用光学反射靶来形成锁定至部件自身的参考系统，使用者可以在扫描期间按自己需要的方式移动物体，而且周围环境的变化丝毫不会影响数据采集三维质量和精度。

HandyScan700 具有以下先进的技术特点：

① 自定位技术，动态扫描。目标点自动定位，无须臂或其他跟踪设备，可以实现动态扫描，扫描时工件可以随时移动、翻转，方便实现内外扫描、正反面扫描；扫描时无须稳定安装工件，适合于在振动强烈的环境中工作，且扫描精度不受影响。

② 安装方便。即插即用的系统，快速安装及使用，安装时间可在 1min 之内。

③ 系统简单高效。由 2 个 CCD 及 2 个十字激光发射器和 1 个单线激光发射器组成，扫描更清晰，精度更高。

④ 点云质量好。点云无分层，自动生成三维实体图形（三角网格面）。

⑤ 扫描速度快。十字交叉激光束，激光线范围达到 225mm×250mm，是激光扫描中激光束最多最长的扫描仪，扫描速度快。

⑥ 最大自由度的操作性。可内、外扫描，无局限。可多台扫描头同时工作扫描，所有的数据都在同一个坐标系中。

⑦ 精度高：其精度可达 0.03mm，体积精度（0.02±0.06）mm/m，与摄影测量

结合体积精度可达到（0.02±0.025）mm/m。

⑧ 分辨率自动调整。可以自由根据工件的复杂程度在扫描前或扫描后控制扫描的分辨率，平坦的地方点云分辨率低，复杂地方点分辨率高，从而从整体上合理地控制整个扫描文件的大小。

⑨ 真正便携。可装入一只手提箱，十分方便地携带到作业现场或者转移于工厂之间。

⑩ 灵活性非常高。可在狭窄的空间扫描，物体可以移动，如飞机驾驶舱、汽车内部仪表板等。

⑪ 可现场校准。快速校准，10s 即可完成。

3.2.1　HandyScan700 系统组成

HandyScan700 手持式激光扫描测量系统分为硬件系统和软件系统。HandyScan700 手持式激光扫描仪即硬件系统，软件系统是指与硬件系统相配套的数据处理软件 VXelements。

（1）硬件系统

HandyScan700 手持式激光扫描仪的部分技术参数如表 3-1 所示。

表 3-1　HandyScan700 的部分技术参数

技术参数	数值
重量	0.85kg
尺寸	77mm×122mm×294mm
测量速率	480000 次测量/s
扫描区域	275mm×250mm
分辨率	0.05mm
镜深	250mm

HandyScan700 手持式激光扫描仪实物如图 3-2 所示，整个硬件系统包括电源、USB 密钥、定位标点、USB3.0 电缆、HandyScan3D、校准板。USB 密钥用于安装 VXelements 软件，定位标点需要贴在被测部件上，USB 电缆用于连接电源、计算机和扫描仪，校准板用于扫描前的设备校准。HandyScan3D 扫描仪上有 3 个按键：扫描按钮、切换模式按钮、+/−按钮。长按扫描按钮：开始/停止扫描过程。短按扫描按钮：开始采集/暂停。切换模式按钮可实现缩放模式和快门模式之间的切换。

+/−按钮可对扫描视角进行放大或缩小。

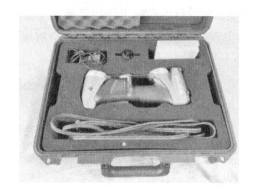

图 3-2　HandyScan700 手持式激光扫描仪

（2）软件系统

VXelements 软件可以直观显示扫描的工作进度并对被测物体的数据进行保存。其工作界面如图 3-3 所示。

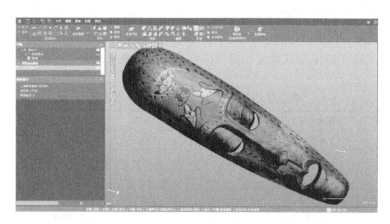

图 3-3　VXelements 软件工作界面

软件界面主要包括菜单、主工具栏、项目数、扩展面板、3D 查看器、状态栏。在菜单栏中，菜单"File"下，可以新建任务或者打开已存在的任务，保存文档，还可以用 Session、Facets、定位点三种方式对文档进行保存；在菜单"Scan"下，可以对当前物体进行开始扫描或者停止扫描等操作；在菜单"View"下，可以设置体积柱大小用来调整录入数据的虚拟空间，还可以进行扫描精度、平滑度、曲率衰减设置等操作；在菜单"Configure"下，有配置扫描颜色、精度校正、测试软件和选项配置等操作。在工具栏中有些常用命令按钮，工具栏从左至右命令分别是新建一个任务、打开已存在的任务、保存、重置扫描、开始扫描、停止扫描。项目数则按模块分组，可显示模型的具体信息。扩展面板能够查看实体对象的细节。3D 查看器用于显示模型三维实体。

3.2.2 HandyScan700 测量策略

（1）采集策略

扫描仪对部件表面进行数据采集是实时渲染的，当投射到被扫对象上的激光随被扫对象形状发生变化时，摄像头会拍摄该特定形状并进行计算，表面图像便自动生成。

图 3-4 为 HandyScan700 图像采集的视野和基准距离。当扫描仪与被扫描部件相距 30cm 时，扫描仪激光照射的范围为长 25cm、宽 27.5cm 的矩形区域。另外，在采集数据时，要随时留意扫描仪与被扫部件的距离，扫描仪上部有 3 个 LED 灯会提示扫描距离是否合适。当 LED 灯显示为绿色时，说明扫描仪与对象的距离合适；当 LED 灯显示为黄色时，说明扫描仪与对象的距离太近；当 LED 灯显示为蓝色时，则说明扫描仪与对象的距离太远。扫描距离对扫描结果及扫描质量至关重要。因此在使用时应保持中等的扫描距离，以便轻松快速地采集数据，扫描仪距待扫描部件太近或太远，都将无法采集数据。除扫描距离外，要想提高扫描精确度，扫描仪的方向及激光入射角也有讲究。扫描仪必须尽量与表面垂直，当不得不倾斜扫描时，则增大入射角度，入射角越大定位模型的精度越高。值得注意的是，在扫描过程中当前扫描数据丢失时，则需要在已扫描表面前重新定位扫描仪或重新添加标点。

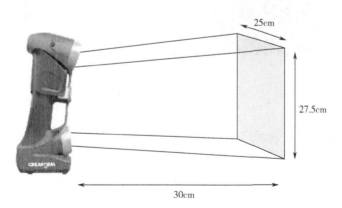

图 3-4　图像采集的视野和基准距离

（2）激光测量策略

HandyScan700 扫描仪由两个 CCD（电荷耦合元件）组成，其工作原理就是将光学信号转换为模拟电流信号，电流信号经过放大和模/数转换，实现图像的获取、存储、传输、处理和复现。此外，HandyScan700 的光源是由 7 束交叉激光线外加 1 条直线激光线提供的。部件能否采集成功很大一部分是取决于激光线在部件上的清晰度是否足够。激光线的清晰度又受被扫部件的颜色和材料类型影响。例如，高反射部件易产生镜面效应，导致激光线难以读取；黑色会吸收光线，因此会因对比度低而难以读取。所以为保证数据采集成功，可以通过调节某些采集参数来抵消黑色、反光和透明物体造成的影响。

3.2.3　HandyScan700 系统的操作流程及使用方法

HandyScan700 系统的操作流程主要分为扫描前准备阶段、扫描阶段、保存采集数据阶段。

（1）准备阶段

① 软件安装。利用提供的 USB 密钥安装 VXelements 或从客户中心网站下载，安装成功后的界面如图 3-5 所示。

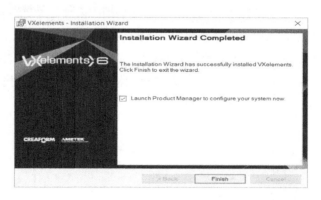

图 3-5　安装成功的界面

在 VXelements 中激活产品，打开产品管理器，单击添加新产品或从列表中选择激活的产品，如图 3-6 所示。

输入序列号，添加许可证和配置文件（配置文件可从客户中心获取，每个系统具有唯一的配置文件），如图 3-7 所示。

② 扫描仪校准。软件安装完成后，对设备进行校准。校准是为了确保良好的数

图 3-6　激活产品

图 3-7　输入序列号

据质量。在每个项目扫描开始前，若发现周围温度变化、表面质量不佳等情况时都需要对设备进行校准。在校准时要确保校准板附近没有标记点和反射物，如果探测到错误、损坏或错放的标记点，校准过程可能会失败。

　　校准时，点开软件下方的扫描仪校准。校准操作如图 3-8 所示，扫描仪必须指向校准板中心，即蓝色圆圈所示的位置，并应将红线（扫描仪的高度和方向）对齐到绿色矩形条内。

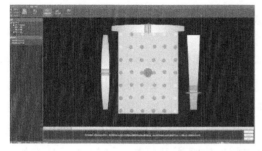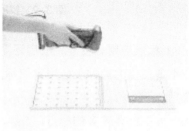

图 3-8　扫描仪的校准（见书后彩插）

　　具体校准流程分 3 步,分别对上下、左右、前后几个方向进行校准,如图 3-9 所示。

　　① 上下校准。手握扫描仪在垂直于校准板的方向上调整不同高度,观察软件界面,使得红线落在绿色矩形条内。

　　② 左右校准。手握扫描仪左右倾斜,观察软件界面,使得红线落在绿色矩形条内。

　　③ 前后校准。手握扫描仪前后倾斜观察软件界面,使得红线落在绿色矩形条内。

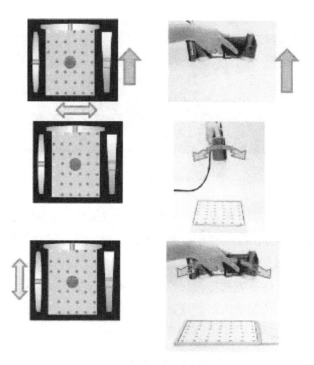

图 3-9　校准具体流程（见书后彩插）

　　④ 标点应用。校准完成后还需对被扫描部件以及扫描环境进行贴点。贴点就是在准备扫描的部件上应用定位标点。一般来说,在扫描部件上每隔 20~100mm 就需要贴上一个标点,并且在扫描部件上较为平坦的区域,需要的标点较少,而在弯曲的区域则需要较多的标点。当然,标点并不只是运用在部件上,当部件过小或无法直接将标点置于部件上时,则需要在部件周围使用标点。此时,应该注意的是在扫描过程中,环境中标点和部件的相对位置必须保持不变。部件周围环境应用标点如图 3-10 所示。

图 3-10 扫描环境标点的应用

贴点过程中需要注意：

　　避免在弯曲率较高的表面上和靠近部件边缘（<4mm）处添加标点，还要避免使用损坏或不完整的标点以及油腻、多灰、脏污或隐藏的标点。此外，标点切勿成组堆放粘贴或是将标点整齐地排列在一条线（无法进行准确的三角测量）上粘贴。

图 3-11 所示为不规范的贴点方式。

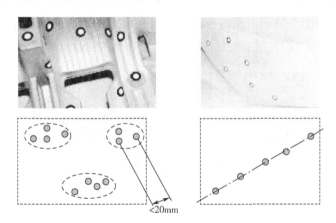

图 3-11 不规范的贴点方式

贴点实例：薄壁件的扫描

　　日常工作中我们常常会遇到又小又薄的工件，针对这类工件，我们可以运用四点拼接的方法来实现简单快速扫描。如图 3-12 所示，首先应找一块贴满标点的背景板，把工件放在上面。再将工件侧面贴上 4 个不规则的标点，对工件正面进行扫描（这4个标点是作为拼接时用的公共点，4个点最好贴在物体的四周，不要集中在一个面）。正面扫描完后，运用 VXelements 软件把纸板上的定位标点进行删除，只保留工件上的4个标点。最后把工件翻转过来扫描工件背面时，只要扫描仪扫到这4个标点计算机就会自动认出工件翻转了位置。该扫描方法的原理就在于这4个标点在正反面时都被扫描到了，由于它们的相对位置是不变的，所以计算机能很快地识别出来。

图 3-12　薄壁件的贴点方式

⑤ 扫描参数设置。扫描前除安装软件和贴点外，还应对扫描软件 VXelements 进行设置。扫描前应对扫描输出类型进行选择，共有3种类型，如图 3-13 所示，即扫描仪采集表面并输出为网格；扫描仪仅采集标点所在位置，并输出为可另存为 .txt 格式文件的模型；扫描仪采集表面并输出为点云。

图 3-13　三种扫描类型

扫描前还应根据待扫描部件的表面选择适当的分辨率。图 3-14 所示分别为表面模式和点模式的解析度设置。

（2）扫描阶段

打开 VXelements 软件，创建新文件。手持连接好的扫描仪，单击软件界面上的"扫描"按钮，对定位标点进行扫描，如图 3-15 所示。

在扫描部件时，出现如图 3-16 所示的红色标点表示扫描仪正在识别的定位点，蓝色标点表示与其他标点不相关联的点，而出现的其他颜色的标点，如紫色、黄色等，则是与蓝色、白色标点不相关联的点。

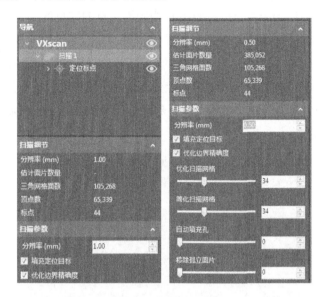

图 3-14　解析度的设置

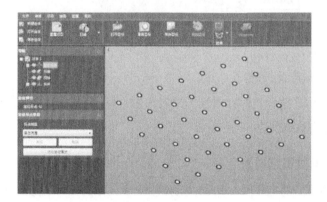

图 3-15　扫描标记点

图 3-16　标点识别（见书后彩插）

若想在扫描时获得更精确的模型，可在软件的导航器中单击定位标点，选择优化定位模式。如扫描到无关定位标点或扫描到不满意的定位标点，可选中定位标点后，在项目树中右击删除。

定位标点扫描完成后，对需要扫描的部件进行扫描。单击"扫描"选择扫描表面（输出为网格）或扫描点云（输出为点云）后，使扫描仪和被扫部件保持合适距离，即扫描仪上方 LED 灯为绿色时，对部件进行全面扫描。扫描后生成的网格图像如图 3-17 所示。

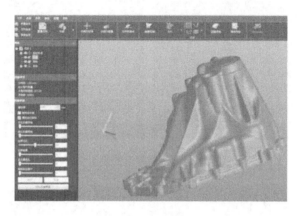

图 3-17　扫描结果

（3）保存采集数据阶段

单击"文件"，选择"保存对话"或者单击"导出会话"，选择需要保存的文件格式，即可完成数据保存。

扫描实例：驾驶员座椅固定板

连接扫描仪，将电源插入插座，电源线另一头连接到 USB 电缆；USB 电缆一头连接到计算机，另一头的两个插头与扫描仪相连接。图 3-18 为连接好的扫描系统。

图 3-18　扫描系统的连接

均匀地在被扫部件上贴标点，标点之间间隔 20~100mm，并且弯曲区域的标点应多于平坦区域。图 3-19 为被扫部件标点应用情况。

图3-19 座椅固定板贴点

由于扫描环境及被扫部件表面质量良好，且扫描仪已校准过了，此次扫描不再进行校准，直接对部件进行扫描。

将被扫部件合理摆放并固定，保证其在扫描过程中位置不会发在偏移，如图 3-20 所示。手持扫描仪长按圆形按钮开始扫描，待该面扫描完成再长按圆形按钮停止扫描。扫描过程中，VXelements 软件会实时生成扫描图像，如图 3-21 所示。由于除被扫部件外还扫描到了不需要的表面和标点，因此要将其删除。

图3-20 扫描固定板　　　　　　图3-21 实时扫描图像

此时，模型的另外一面并未扫到，所以将模型翻转过来，固定好位置，长按圆形按钮开始扫描，如图 3-22 所示。由于该部件存在较多的凹槽和圆弧过渡区，这些部位不易扫描完整，所以在扫描时应该重复多次扫描以及变换各种角度进行扫描。扫描过程中也可以短按圆形按钮暂停扫描，观察 3D 查看器中部件的扫描情况，再开始扫描。同样，扫描完成后应将多余的表面和标点进行删除，如图

3-23 所示。

图3-22 扫描另一面固定板

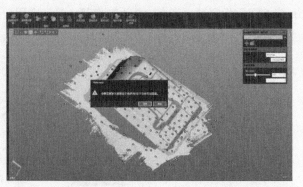

图3-23 删除多余表面及标点

导出扫描生成的数据，保存为 STL 格式，如图 3-24 所示。

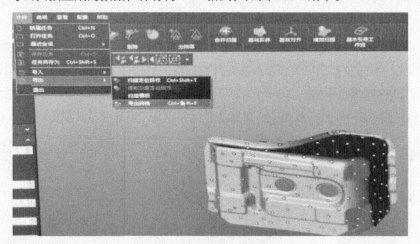

图3-24 导出扫描的模型

扫描工作完成后，如果扫描结果较为满意可直接保存为 STL 格式，进行 3D 打印或加工。但由于该实例为钣金件，所以部件边缘扫描结果的精度不高，需要使用 Geomagic Design X 软件对模型进行边界修复和表面光滑等处理（Geomagic Design X 软件介绍详见第 7 章）。将处理好的扫描模型与该模型的数模导入 Geomagic Control 进行分析对比，得到其 3D 对比结果，如图 3-25 所示。

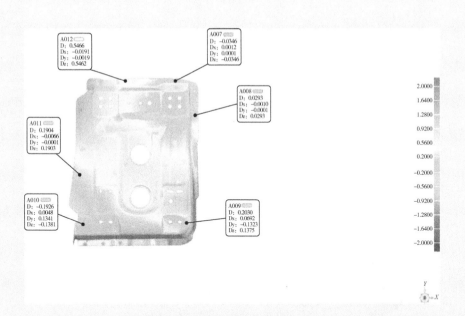

图3-25 车座固定板3D对比图

除3D对比外，还对座椅固定板 *XZ* 平面和 *YZ* 平面的截面进行了 2D 对比。其 *XZ* 截面如图 3-26 所示，对应的 2D 比较结果如图 3-27 所示。*YZ* 截面如图 3-28 所示，对应的 2D 比较结果如图 3-29 所示。可以看出，部件边缘的精度还有待提高。

图3-26 座椅固定板 *XZ* 截面图

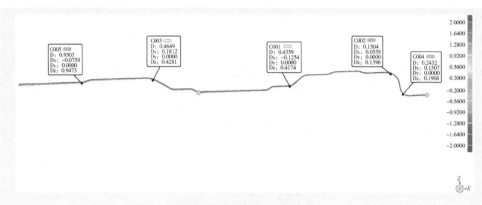

图3-27　*XZ*截面2D比较图

图3-28　座椅固定板 *YZ*截面图

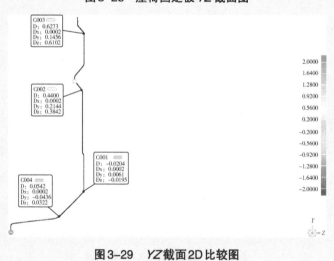

图3-29　*YZ*截面2D比较图

4

多模式手持式白光测量

4.1 多模式手持式白光测量扫描技术

4.1.1 白光测量技术概述

白光测量是一种非接触式测量方法，它利用一种常见的、安全的光源——普通白光来进行测量。白光测量的简便性和精确性，使其成为许多测量应用的首选测量系统。白光测量系统通过一个二维透镜组，将一些线条的影像投射到三维表面上。这些影像由普通的覆盖幻灯片或数字投影机产生。摄像头采集这些二维线条在三维被测物体上产生的畸变，然后通过复杂的数学运算，提供整个被测表面的点云数据。

4.1.2 白光测量技术特点

（1）高测量效率

在测量设备领域，白光测量有两个主要品牌：Cognitens 和 GOM。GOM 品牌的 ATOS 系列产品使用的是光栅技术，光栅相移测量的原理是用白光作光源，将光栅条纹投射到被测物体表面，光栅条纹被物体表面调制。被调制后的条纹通过采用相关解调方法将携带物体深度信息的相位解调出来，最后根据相位和深度的关系，得到物体的三维数据信息。Cognitens 品牌的 Opticell 和 Optigo 系列产品采用光学数码技术，通过 3 组光学成像镜头，得到物体的三维数据信息。Optigo 单幅照片的测量时间 0.03s，照片分辨率 1.4Mpixel。白光测量技术最显著的一个优势就是测量效率高。

（2）宽松的测量环境要求

白光测量设备能在车间现场环境中应用，工作温度要求是 5～40℃，对周边环境的温度梯度无特殊要求，对温度和湿度可以通过实时的探测和软件补偿解决，宽松的测量环境便于白光测量设备在车间现场测量铸件。

（3）易理解的测量报告

与白光测量设备配套的测量软件能实现尺寸分析色差图的输出报告，实际测量结果和 CAD 数模理论值的偏差可以用不同的颜色表示，偏差结果一目了然。

4.2　EinScan 多模式手持式白光测量系统

4.2.1　EinScan 多模式手持式白光系统组成

该系统主要由照明、光源、光学系统、工业相机、载物运动平台、垂直扫描平台和计算机组成，图 4-1 为典型的 Mirau 型白光扫描干涉系统的示意图。该照明光源采用具有宽光谱的白光光源。光学系统主要包括 Mirau 干涉显微镜、分光镜和透镜。白光穿过准直透镜、分光镜和 Mirau 干涉显微镜，后者将原始光束分成参考光与测量光。从参考镜反射的参考光束与从被测对象表面反射的测量光束重新汇合，并且如果两者之间的光程差在照明光源的相干长度内，则会形成干涉条纹。特别地，当参考光束和测量光束之间的光程差等于零时，可以观察到干涉信号达到最大强度，即零光程差位置。当由控制器控制的 PZT 工作台沿 Z 方向扫描时，CCD 摄

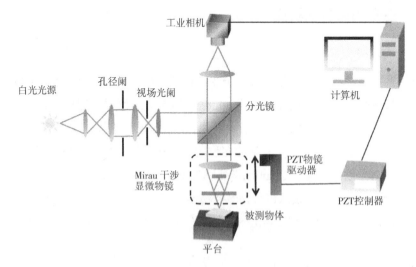

图 4-1　Mirau 型白光扫描干涉系统示意图

像机记录一系列干涉条纹图案, 如图 4-2 所示, 可以获得每个像素的干涉信号。通过对干涉信号的分析, 可以确定每个像素的零光程差位置, 从而可以重建被测物体表面三维轮廓, 如图 4-3 所示。

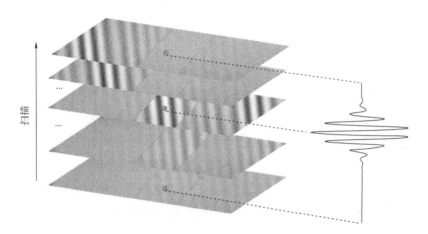

图 4-2　白光扫描干涉图与对应的干涉信号

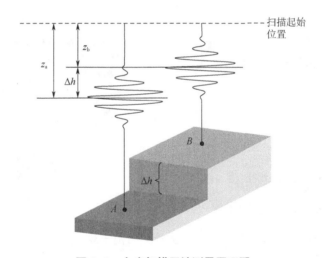

图 4-3　白光扫描干涉测量原理图

4.2.2　EinScan 多模式手持式白光测量系统测量策略

测量时, 将被测物体放置在载物平台上, 通过控制载物平台进行 Z 向运动对被测表面进行对焦, 使图像出现干涉条纹;接着控制载物平台进行角度倾斜调节, 使得干涉条纹展开变宽;设置垂直扫描上下限, 驱动压电物镜驱动器对被测物体进行垂直扫描, 同时相机采集多帧图像传输到 PC 机进行分析处理, 最终重建出被测物体的三维形貌。

4.3 EinScan 多模式手持式白光测量系统的操作流程及使用方法

4.3.1 硬件

（1）产品介绍

EinScan H 双光源彩色手持 3D 扫描仪是先临三维基于多年三维视觉技术积累，打造的一款快速获取物体高品质彩色数据的高性价比产品，采用红外 VCSEL 和白光 LED 两种光源，着重解决黑色和头发获取难题，适用于快速获取人体、艺术品及家具等中大型物品的彩色三维数据；快速流畅的扫描体验，优良的数据品质，简便快捷的使用模式，真实还原的彩色信息，让 EinScan H 成为设计创造的强有力工具之一。

（2）设备外观（图 4-4，图 4-5）

图 4-4　序列号　　　图 4-5　↑/↓为放大缩小按钮，←/→为亮度调节按钮

▶为扫描按钮

（3）设备连接（图 4-6）

① 将扫描仪航空线插入设备的电源 2 及 USB 接口 1 上；

② 连接电源适配器和电源线 6；

③ 将电源线 5 插入扫描仪航空线电源插口 4；

④ 把扫描仪上航空线插入电脑上 USB3.0 接口 3。USB 接口旁标注 SS 则为

USB3.0 接口（图 4-7）。

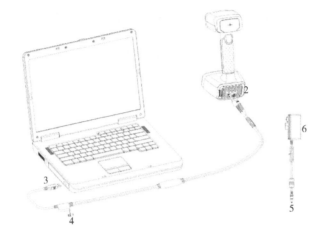

图 4-6　设备连接

图 4-7　USB3.0 接口示意图

连接好的电脑接口如图 4-8 所示。

图 4-8　电脑接口连接示意图

> **注意:**
>
> 确保在操作过程中线没有松动,可使用固定装置将线固定,以免出现线松动。

将设备连接到电脑后,设备管理器中有如图 4-9 所示设备显示。

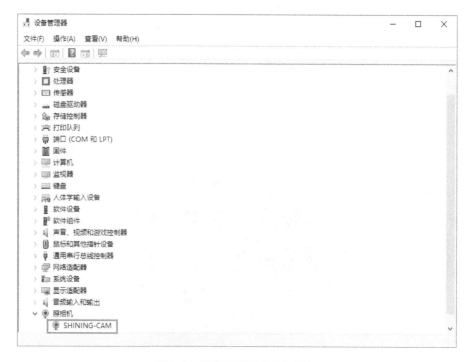

图 4-9 设备管理器中的扫描仪

4.3.2 软件界面

(1)导航界面(图 4-10)

鼠标:

左键:旋转;

中键:平移;

滚轮:放大/缩小。

键盘:

空格键:编辑数据时确认编辑;

Del 键:删除选中数据;

回车键:相当于单击弹出框上选中按钮;

Esc 键：关闭弹窗。

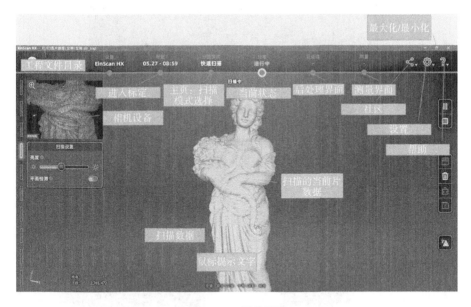

图 4-10 导航界面

可通过导航条上小圆圈切换不同模式（图 4-11）。

图 4-11 导航条

（2）设备离线

当未插设备或设备时，会出现图 4-12 所示提示信息，检查设备连接情况，单击导航条上离线文字下的刷新按钮，进行设备重连。

设备掉线或未连界面如图 4-13 所示。

单击导航条上"设备重连"按钮，即可重连设备。

（3）设置

单击界面右上角的设置图标，如图 4-14 所示，打开下拉菜单。

图 4-12　设备离线显示图

图 4-13　设备离线示意图

图 4-14　下拉菜单

4.3.3　标定

（1）注意事项及使用

通过标定软件重新计算设备的参数，能获取更好的精度和扫描质量，标定模式选择如表 4-1 所示。

表 4-1　不同标定适用范围

标定方式	精准标定	快速标定
适用范围	① 扫描仪初次使用； ② 快速标定多次失败	① 长时间放置后使用； ② 扫描过程中，扫描数据不完整，数据质量严重下降

注意：

① 确保标定板干净无划痕；

② 确保使用设备对应的标定板进行标定；

③ 将标定板远离腐蚀性溶液、金属和尖锐物体，且不建议擦拭，如确实要擦，应用干净湿布轻擦，不可使用化学液体或酒精擦拭标定板；

④ 为防损坏标定板：不要摔砸标定板，不可将重物或杂物放置于标定板上；

⑤ 使用完应及时收好标定板，将标定板放置于绒布袋内。

（2）精准标定

在导航条上选择标定，若首次打开软件则会自动进入精准标定界面（图4-15）。

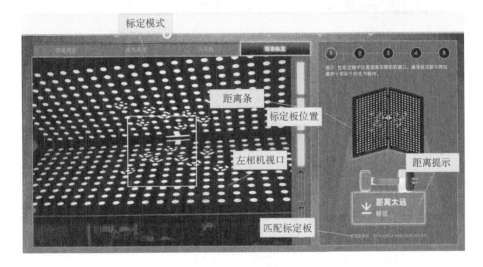

图4-15　精准标定界面

精准标定时标定板需摆放5个位置，每个位置采集5幅图片，根据软件向导调整扫描仪，摆放标定板。

首先根据软件向导提示，标定板按图4-16所示竖直放置在提供的标定板摆放指示图上方，调整好扫描仪与标定板之间的距离。确保标定板十字对准相机视口白框内，扫描仪摆放的方位和图示的方位一致。

按一下设备上的采集按钮，如图4-17所示（该按钮按下松开即可），开始采集。在采集过程中，LED灯闪烁，无投影。由上而下或者由下而上移动扫描仪，直到距离指示条全部填充完绿色，则此位置图片采集完成。一组采集完成后，软件会蜂鸣提示。在采集过程中，提示"距离太近"，则需要将扫描仪往上提；提示"距离太远"时，需要向下移动扫描仪。

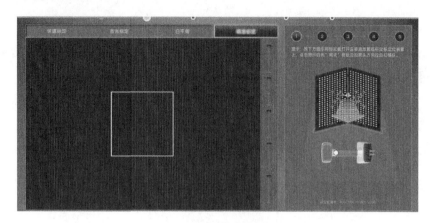

图 4-16　标定板摆放示意图

图 4-17　采集按钮

注意：

- 距离指示条绿色代表此位置图片已采集，蓝色代表当前位置；
- 前后移动扫描仪过程中，相机视口中标定板十字尽量不要偏离出白色方格区域；
- 标定采集过程中不要移动标定板。

一组图片采集完成后软件将自动跳转下一组采集，并伴有蜂鸣提示，如图 4-18 所示。

图 4-18　相机标定第一步采集完成（见书后彩插）

标定板保持不动，扫描仪按照指示位置移动，采集操作同上组，直到 5 个位置采集完成，软件会自动进行标定计算，标定结果如图 4-19 所示。

图 4-19 精准标定结果

若标定失败，则单击"重新标定"按钮。

标定成功后，单击"下一步"进入下一个标定阶段。

（3）快速标定

经过精准标定，但在扫描过程中出现数据不完整或数据质量下降等需要重新标定的情况时，可使用快速标定来代替精准标定。快速标定时，标定板按图 4-20 所示，竖直放置在提供的标定板摆放指示图上方，调整好扫描仪与标定板之间的距离，相机视口中标定板十字对准白框内，扫描仪摆放的方位和图示的方位一致，单击软件上 ⬛ 按钮或按一下硬件上 ⬛ 按钮，前后移动扫描仪，直到 8 个距离指示条均显示为绿色。

图 4-20 快速标定界面（见书后彩插）

图片采集完成，软件会自动进行标定计算，标定结果如图 4-21 所示。

图 4-21　快速标定成功

若标定失败，结果如图 4-22 所示。

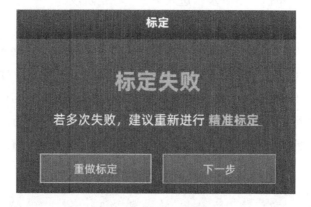

图 4-22　快速标定失败

若标定失败，请单击"重做标定"，重新进行标定；若标定失败多次，建议单击"精准标定"，切换至精准标定界面进行精准标定。

（4）激光标定

为确保获取准确的激光扫描数据，每次精准标定或快速标定后都需要进行激光标定。根据向导，按照指示图摆放好标定板位置，扫描头对着标定板背面白色平整区域的中间位置。单击软件上扫描仪 ![按钮] 按钮或按一下硬件上 ![按钮] 按钮，上下移动扫描仪，软件自动采集图片直至距离条全部填充为绿色打钩，软件会自动进行激光标定计算，标定结果如图 4-23 所示。

图 4-23 激光标定结果

单击"下一步",进入下一个标定阶段。

（5）白平衡标定

为确保获取准确的纹理数据,每次环境亮度改变时,建议进行白平衡标定（图 4-24）。

纹理标定时,扫描头对着标定板背面白色区,单击软件上扫描仪按钮 或按一下硬件上按钮 ,上下移动扫描仪,直到中间距离块高亮且设备投光结束后,即完成白平衡校验。投光过程中需要保持设备不动。

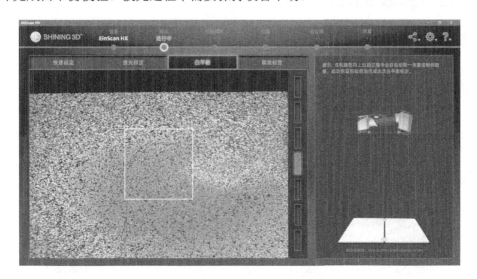

图 4-24 白平衡标定界面

为获取良好的纹理效果,需要保证标定板干净。

若对纹理效果不满意,可改变环境亮度（需要重做白平衡）或重新白平衡标定。

4.3.4 适用扫描的物体范围

可扫描物体尺寸为 30mm×30mm×30mm~4000mm×4000mm×4000mm。
头发或薄片等不能直接扫描。
扫描部分物体（如人体）时，需要保持物体不发生形变。
易拉罐扫描实例如图 4-25 所示。

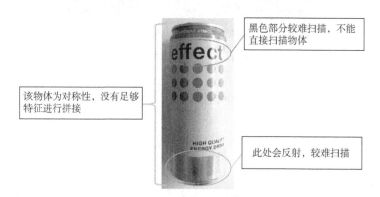

图 4-25　易拉罐扫描实例

4.3.5 扫描模式介绍

（1）快速扫描

如果扫描物体的特征不够丰富，可在物体上粘贴标志点进行标志点拼接（图 4-26）。
使用标志点拼接方式，扫描前需在物体上贴好标志点，要尽量均匀。
公共区域拼接需要的标志点个数为 4 个。粘贴的过程中，应保证在工作距离的
范围相机视口中能看到不少于 4 个标志点。
若物体大小适中，则可将标志点粘贴在物体周边环境，如放置物体的平面上，
但扫描过程中需保证物体和平面相对位置不变（图 4-27）。

图 4-26　粘贴标志点的物体　　　　　图 4-27　标志点粘贴在放置物体的平面上

扫描黑色、透明或反光物体前，需先进行喷粉处理。

（2）激光扫描

扫描前需在物体上贴好标志点，要尽量均匀，公共区域拼接所需要的标志点个数为 3 个。粘贴的过程中，保证在工作距离的范围相机视口中能看到不少于 3 个标志点。扫描黑色、透明或反光物体，可不进行喷粉处理。

4.4　扫描流程

扫描流程框图如图 4-28 所示。

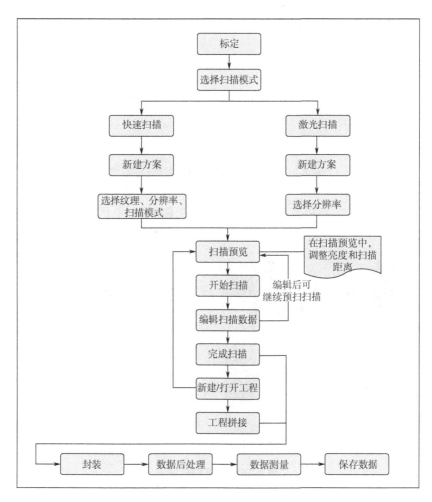

图 4-28　扫描流程

4.5 快速扫描

快速扫描是扫描速度最快的模式，但物体细节和精度较低。可使用特征或标志点进行拼接，混合拼接（标志点和特征）在这种模式下也是有效的（图 4-29）。可以把标志点放在表面几乎没有特征的区域，不需要在整个物体上粘贴标记，这与手持精细模式相比节省了大量时间。快速扫描适用于扫描 30mm×30mm×30mm~4000mm×4000mm×4000mm 的物体。

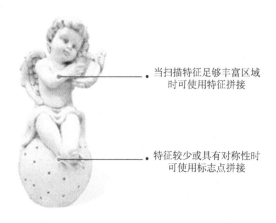

当扫描特征足够丰富区域
时可使用特征拼接

特征较少或具有对称性时
可使用标志点拼接

图 4-29 特征丰富程度对应拼接方法示意

采用快速模式，可以实现大尺寸扫描。在图 4-30 所示例子中雕像是 1m×1.5m×1.5m。

图 4-30 快速扫描例子

4.5.1 扫描前设置

进入新建多工程界面，默认工程保存位置为桌面，之后记住用户上一次新建多工程的位置，如图 4-31 所示，单击"新建多工程"，输入工程名，保存。纹理扫描只有白平衡标定后才可使用，使用纹理扫描则扫描数据带颜色，非纹理扫描速度为15 帧/s，纹理为 10 帧/s，两者扫描过程相同。快速扫描设置界面如图 4-32 所示。

图 4-31　新建多工程界面

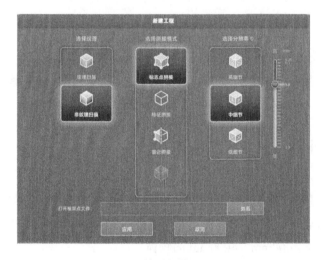

图 4-32　快速扫描设置界面

4.5.2 拼接模式

标志点拼接：扫描前需要在物体上粘贴标志点。结构简单、具有重复性特征或者轴对称的物体，需使用此方式。

特征拼接：适用于表面特征丰富的物体。若当前扫描区域与已有数据没有足够的公共区域就会出现"跟踪丢失"。

混合拼接：软件可在扫描过程中根据被扫描物体是否粘贴标志点自动切换特

征和标志点拼接。对于特征易拼错的局部，可粘贴标志点（数量≥4）进行拼接。适合存在局部特征易拼错的模型。

纹理拼接：选择纹理扫描后，可选择纹理拼接模式进行扫描，该拼接模式适合于扫描纹理丰富的物体，若扫描物体纹理重复或颜色单一就会出现拼错或"跟踪丢失"。

框架点拼接：选择标志点或混合拼接后，可通过导入框架点文件，进行框架点扫描。

4.5.3　分辨率

分辨率越高，细节越好，可拖动滑动块到刻度尺其他位置，灵活选择点距。

点距范围为 0.25~3.0mm，高分辨率为 0.7mm，中分辨率为 1.0mm，低分辨率为 1.5mm。

> **注意：**
>
> - 选择高分辨率时，出数据较慢，需要耐心扫描。
> - 导入工程后，直接进入扫描，将按照导入工程分辨率和拼接模式进行扫描。

4.6　激光扫描

激光扫描可获取高细节和高精度的数据，使用标志点进行扫描数据的拼接，当扫描不到标志点时，设备不投激光线。激光扫描适用于扫描 30mm×30mm×30mm~4000mm×4000mm×4000mm 的物体。

> ⚠ **安全说明：**
>
> 请勿用激光线直射人眼。

4.6.1　扫描前设置

进入新建工程界面，默认工程保存位置为桌面，之后记住用户上一次新建工程的位置，单击"新建多工程"，输入工程名，保存。激光扫描配置如图 4-33 所示。

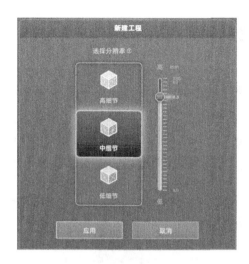

图 4-33　激光扫描配置

4.6.2　分辨率

选择分辨率，分辨率越高，细节越好，可拖动滑动块到刻度尺其他位置，灵活选择点距。激光扫描点距范围为 0.05~3.0mm，高分辨率为 0.2mm，中分辨率为 0.5mm，低分辨率为 1.0mm。

4.6.3　框架点扫描

新建工程组后可选择扫描点云或扫描框架点，如图 4-34 所示。

图 4-34　扫描模式

4.7　扫描测头按钮功能

扫描测头按钮功能如图 4-35 所示。

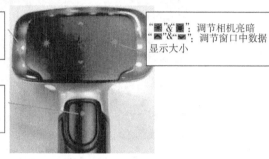

扫描距离指示灯：
·绿色表示最佳距离
·蓝色表示太远
·红色表示太近

"▦"&"▦"：调节相机亮暗
"◪"&"◪"：调节窗口中数据
显示大小

扫描/暂停按钮：
单机：开始或暂停扫描

图 4-35　扫描测头

4.8　扫描

4.8.1　预扫

单击 ▶ 按钮或单击 ▣ 按钮进入预扫模式（图 4-36、图 4-37）

将扫描仪正对着物体，单击"预扫"或按一下扫描仪上按钮 ▶ 进入预扫模式。该模式下不采集数据。

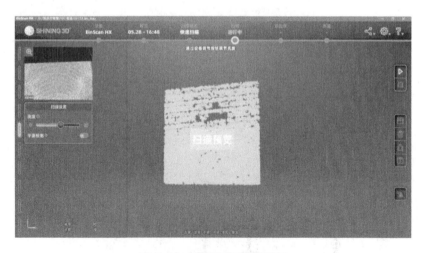

图 4-36　快速预扫模式界面

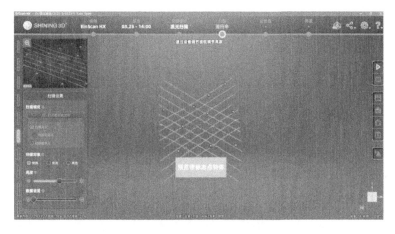

图 4-37　激光预扫模式界面

在该模式下，可以进行以下操作：

- 调整扫描距离；
- 调整扫描亮度；
- 确保粘贴的标志点能识别到。

单击 ▣ 按钮或单击 ▶ 按钮退出预扫模式，开始扫描。

单击"开始扫描"或按一下扫描仪上按钮 ▣ 退出预扫模式，开始扫描。

注意：

新建/导入工程、暂停、结束扫描后都会出现预扫模式。

4.8.2　相机视口显示

纹理扫描过程中，可通过右击菜单，勾选纹理相机来查看当前纹理相机图像，在三维界面或相机视口上右击可显示纹理相机和头部相机（图 4-38、图 4-39）。

图 4-38　快速模式显示相机视口

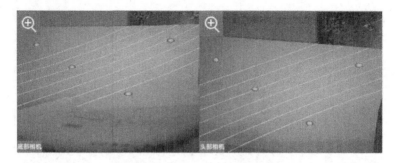

图 4-39　激光模式显示相机视口

注意:

　　除纹理拼接模式外,纹理不进行拼接辅助。

4.8.3　扫描距离

　　扫描中左侧有距离条显示,当颜色为绿色时距离最佳,当颜色为红色时表示距离过近,蓝色表示过远。根据颜色提示调整至最佳扫描距离,如图 4-40 所示。

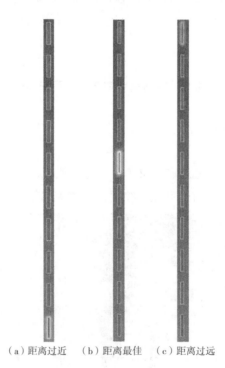

（a）距离过近　（b）距离最佳　（c）距离过远

图 4-40　不同距离指示灯颜色（见书后彩插）

设备手柄上也有表示距离的灯，当颜色为绿色时距离最佳，为蓝色时距离过远，为红色时距离过近。具体扫描距离如表4-2所示。

表4-2 不同模式扫描距离

扫描模式	点距范围/mm	最近距离/mm	合适距离/mm	最远距离/mm
快速扫描	[0.25，0.5)	200	300	400
	[0.5，0.7)	200	320	450
	[0.7，3.0]	200	470	600
激光扫描	—	300	470	570

4.8.4 扫描设置

（1）快速扫描

扫描设置包括亮度调节、平面检测、纹理光源、标志点识别增强（标志点或混合拼接才有）4项，如图4-41所示。

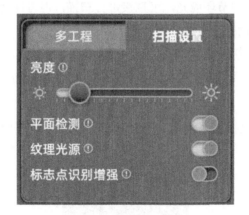

图4-41 扫描设置

① 亮度调节。

相机亮度：可通过亮度下滑块或设备上亮度调节按钮调节亮度，直至相机视口中能查看到清晰的数据和标志点（图4-42）。太亮时，扫描数据上会出现很多噪声。

② 平面检测。

特征或混合拼接下，可自由选择是否进行平面检测。

若禁用平面检测，则可扫描平面或特征少且平坦的物体，但可能会出现拼错的情况；

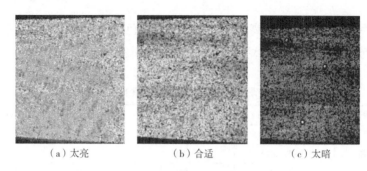

（a）太亮　　　　　　（b）合适　　　　　　（c）太暗

图 4-42　相机亮度（见书后彩插）

　　启用平面检测，可减少拼错的概率，但无法扫描平面或特征少且平坦的物体，软件会提示"请对着非平面区域进行扫描"。

　　③ 纹理光源。

　　纹理工程下，可自由选择是否进行纹理 LED 开关，预扫和扫描中无法切换。

　　若禁用纹理光源，则需要自行调节环境光，否则扫描出的纹理会偏黑；启用纹理光源，则无须自行调节环境光，可直接进行扫描，但可能会出现过曝现象。

　　④ 标志点识别增强。

　　标志点和混合拼接下才有该项。

　　当扫描暗色物体时可增强对标志点的识别能力，但扫描精度可能下降。

　　（2）激光扫描

　　激光扫描设置包括扫描模式、扫描对象、亮度和数据设置 4 项，如图 4-43 所示。

图 4-43　扫描模式

① 扫描模式。

a. 扫描点云：直接获取点云数据。扫描框架点后可切换到扫描点云，增加点云扫描的便捷性。也可导入第三方生成的框架点后再进行点云扫描。

b. 新增框架点：若导入扫描框架点后切换到扫描点云，且勾选新增框架点，则在扫描点云过程中，识别到的框架点外标志点会新增到框架点中；若不勾选该项则无法扫描框架点外数据。

c. 扫描框架点：可快速获取物体的框架点数据，扫描过程中不投激光线，可通过导入第三方生成的框架点后继续再补充扫描。

注意:

- 扫描点云后，切换到扫描框架点或导入框架点文件，则会将当前扫描数据清空；
- 新建工程或生成点云或优化框架点后，才能进行扫描点云和框架点的切换。

② 扫描对象。

根据不同物体材质粗略设置不同亮度挡位，之后可选择各项亮度进行微调。

反光：扫描反光物体可选择此挡位。

普通：扫描颜色较浅的物体可选择此挡位。

黑色：扫描颜色较深甚至全黑的物体可选择此挡位。

③ 亮度调节。

相机亮度：可通过亮度下滑块或设备上亮度按钮调节亮度。直至相机视口中能查看到清晰的线和标志点（图4-44）。若激光线太亮，扫描数据上会出现很多噪声。

（a）需要调整扫描距离　　　　（b）合适
　　　或扫描亮度

图4-44　相机亮度

④ 数据设置。

调节亮度会联动该项，也可单独进行调节。调节至高质量，数据杂点较少，调整至高完整度，可用于扫描黑色较难扫物体，此时能扫描出较完整数据，但会造成较多杂点。

4.8.5 显示数据调整

单击 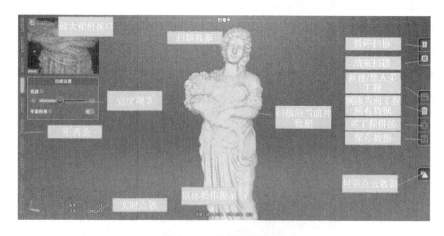 按钮放大数据。

单击 按钮缩小数据。

扫描界面有数据时，通过设备上 按钮和 按钮调节界面数据显示大小，或通过鼠标滚轮放大/缩小数据。

4.8.6 开始扫描

单击 按钮或单击 按钮开始或继续扫描。

单击该按钮或单击设备上 按钮，进入扫描状态（图 4-45）。

在扫描过程中，确保扫描仪正对着物体，保持合适距离，并根据物体和环境光调整亮度。

图 4-45　快速扫描界面

4.8.7 拼接

（1）使用特征拼接

开始扫描时，扫描仪对准物体停留 3s，之后移动扫描仪开始扫描。当前片数据显示为绿色，已扫描到的数据显示为灰白色。为提高扫描效率，扫描时要连续均匀地移动扫描仪。

若扫描区域变为紫色，出现"跟踪丢失"的提示信息（图 4-46），并伴有蜂鸣，则表示当前扫描数据与已有数据无法拼接上，需要返回已扫描区域，说明位置跟踪失败，应根据提示返回到已扫描区域，拼接上后即可继续扫描。

图 4-46　跟踪丢失

当扫描平面或特征较少物体时，为防止拼错，软件会进行图 4-47 所示提示，此时可通过粘贴标志点或放置辅助拼接物体来解决。

图 4-47　没有足够特征的提示信息

（2）使用标志点拼接

若物体已粘贴有标志点，软件将识别到标志点，如图 4-48 所示，当前识别到的标志点用红色显示，当前扫描到的数据用绿色显示。当前扫描到的数据与已有数据需要至少 4 个公共标志点才能拼接成功。

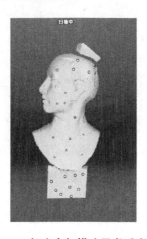

图 4-48　标志点扫描（见书后彩插）

使用标志点拼接方式，扫描前需在物体上贴好标志点，要尽量均匀。若出现"跟踪丢失"的提示信息（图4-49），需要返回已扫描区域拼接上后再继续扫描。

图4-49　跟踪丢失

（3）使用混合拼接

对于使用特征拼接易出现局部拼错的物体，使用混合拼接可在扫描易拼错处粘贴标志点（图4-50），模型其他部分无须粘贴。

图4-50　需要粘贴标志点

（4）使用纹理拼接

纹理扫描过程中，出现扫描数据灰色显示，表示该区域没有采集到纹理，需要对该区域重复扫描，如图4-51出现的灰色数据。

图4-51　未扫描到纹理

纹理拼接扫描中，尽量使用匀速平稳的扫描（图4-52）。

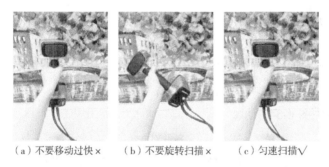

（a）不要移动过快×　　（b）不要旋转扫描×　　（c）匀速扫描√

图 4-52　正确扫描示意

纹理拼接适用于扫描色彩丰富的物体，如图 4-53 所示。

（a）色彩丰富，高对比度　　（b）色彩单一，大色块

图 4-53　适合采用纹理拼接的物体（见书后彩插）

4.9　暂停扫描

离线模式中，可导入已有工程，进入暂停扫描界面，进行后续处理。

4.9.1　扫描暂停按钮

单击 ■ 按钮暂停扫描。

单击该按钮或按一下设备上按钮 ▶ 进入暂停扫描状态。扫描数据在扫描过程中会自动保存到工程文件中。

单击 ▶ 按钮继续扫描。

单击 ■ 按钮生成点云。

单击扫描按钮或按一下设备上按钮 ▶ 继续扫描。

单击生成点云按钮，生成优化的点云数据（为确保薄壁件物体顺利优化，需要将物体扫描成闭环）。或 Shift+左键选中数据进入编辑状态。

4.9.2 编辑数据

Shift+左键：对多余部分数据进行选择，选中数据呈红色显示。

Ctrl+左键：对已选中的数据进行部分撤销选择。

按钮功能如图 4-54 所示。

按钮说明：
①多视图 ②矩形选择 ③多边形选择 ④套索选择 ⑤笔刷 ⑥全选 ⑦连通域

图 4-54 按钮功能

⌗ 笔刷：通过鼠标滚轮可改变笔刷大小。

⌗ 连通域：选择数据后，单击该按钮，选中所有与该片数据相连的区域。

⌗ 删除选中：单击该按钮或键盘上 Delete 键删除选中数据。

⌗ 撤销删除：只能撤销最近一次删除的数据。

⌗ 应用编辑：单击该按钮或键盘上空格键，退出编辑模式。

⌗ 取消编辑：撤销所有编辑，退出编辑模式。

注意：

标志点不支持编辑。

4.9.3 右击菜单

右击界面，出现图 4-55 所示右击菜单。其各项功能说明如表 4-3 所示。

图 4-55 右击菜单

表 4-3　功能说明

功能	说明
全选、反选、全不选、删除所选	功能同"编辑"，可通过快捷键进行操作
适合视图	界面上数据居中显示，大小合适
设置旋转中心	可通过鼠标左键在数据上设置旋转中心，通过 Esc 键退出设置
重置旋转中心	重置后，旋转中心在数据中心
头部相机、纹理相机	单击该项后，界面左上角显示相应的相机视口

4.9.4　剪切面

设置剪切面后，扫描中将不会扫描出剪切面反方向的数据，减少扫描到杂数据，便于数据的编辑。

（1）创建剪切面

■ 剪切面：单击该按钮，进入剪切面模式（图 4-56）。

图 4-56　创建剪切面界面

点云：Shift+左键选中数据后，单击生成平面按钮，则可根据点云拟合来创建剪切面，剪切面方法根据点云方向由软件自行计算。

直线：Shift+左键，画直线，根据所画直线生成剪切面。

标志点：Shift+左键单击选择标志点，需要至少选择 3 个标志点。

（2）设置剪切面

旋转轴：可通过活动条、文本框或鼠标放置剪切面边缘进行轴旋转。

平移增量：可通过活动条、文本框或鼠标放置剪切面中间进行平移。平移后，平移增量值会恢复为 0。

删除所选：勾选该项后，剪切面反方向数据显示为红色，则应用后会删除剪切面反方向的红色数据。

反选选区：可翻转剪切面的法向。

删除平面：将所创建的剪切面删除。

（3）其他操作

鼠标操作：退出剪切面后，可通过鼠标双击界面上的剪切面进入剪切面设置。

隐藏/显示剪切面：创建剪切面后，可通过右击显示隐藏剪切面。

> **注意：**
>
> - 剪切面不支持对标志点的编辑；
> - 剪切面仅对当前工程有效，非当前工程无法进入剪切面模式；
> - 剪切面存在时，扫描中无法扫出剪切面法向相反位置的数据，标志点除外。

4.9.5　生成点云

生成点云后会生成一个优化的点云（图 4-57），离线模式下也可使用该功能。

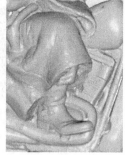

（a）未生成点云数据　　（b）生成点云优化后的数据

图 4-57　优化前后对比图（见书后彩插）

4.10　工程列表

通过工程列表可对所有已扫描的工程进行手动拼接、重命名、保存数据等操作（图 4-58）。

图 4-58 工程列表

4.10.1 新建/打开工程

▦ 单击工程列表下"新建工程"按钮新建工程。

▨ 单击工程列表下"导入工程"按钮打开工程。

① 新建多工程后，可在多工程下新建或打开工程，工程会显示在工程列表中。

② 若打开其他路径下的工程，则会将该工程复制到解决方案文件夹下，并显示在工程列表中。

③ 若打开的其他路径下工程名称与列表中已有工程相同，则会在打开的工程名后加"_1"，并依次叠加。

④ 仅支持导入点距与多工程相同的工程。

4.10.2 当前工程

工程列表中最后一个工程即为当前工程，只有当前工程可继续扫描。再次打开列表中的其他工程，可将工程转变为当前工程。

4.10.3 重命名工程

在工程列表中选中工程，右击→重命名，可对工程进行重新命名。

4.10.4 移除/删除

▣ 移除选中的工程。

▨ 删除选中的工程。

① 移除：选中一个或多个工程，单击"移除"按钮，则会将工程从列表中移除，但不会将工程删除，工程仍在方案文件夹下，可通过打开工程恢复。

② 删除：选中一个或多个工程，单击"删除"按钮，则会将数据从方案文件夹下删除，无法恢复数据。

③ 若删除或移除的是列表中最后一个工程（即当前工程），则当前列表中最后一个工程变为当前工程，可进行扫描操作。

注意：

　　若工程是从其他路径导入到方案中，则删除不会影响原有路径下的数据，只是删除复制到方案文件夹下的工程数据。

4.10.5　工程拼接

当存在两个以上有数据的工程，且工程已生成过点云，则可对工程进行拼接操作。

单击 [图标] 按钮进入工程拼接界面。

若存在未生成点云的工程，则单击"拼接"按钮后，出现图4-59所示提示框，若单击"继续"按钮则会自动进行生成点云操作，完成后进入拼接；单击"取消"，进入拼接界面（图4-60），未生成点云的工程不在拼接界面显示。

图4-59　是否要生成点云的提示框

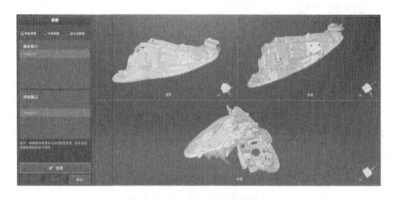

图4-60　工程拼接界面

（1）特征拼接

选择特征拼接后，单击"应用"按钮，软件会自动根据数据的特征进行拼接。

（2）手动拼接

Shift +单击鼠标左键在两个固定和浮动视口中分别选择不少于 3 个非共线对应点，单击"应用"按钮进行拼接（图 4-61）。

Ctrl+Z 或 Esc 键对所选点按顺序撤销。

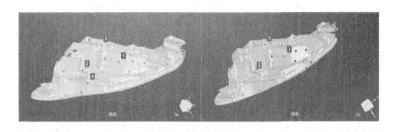

图 4-61　选中点进行拼接

（3）标志点拼接

若当前选中的工程是标志点工程，则可进行标志点拼接，需要确保两个工程具有的公共标志点数不少于 3 个，否则会拼接失败。软件会自动根据标志点进行拼接。

单击"应用"执行拼接操作。

单击"下一步"，拼接后的工程会合并到一个组中，可继续进行拼接。

单击"取消"撤销已进行的拼接。

单击"退出"退出工程拼接界面。

5

工业 CT 扫描测量

工业 CT（Industrial Computerized Tomography，ICT）是指应用于工业中的核成像技术。其基本原理是依据辐射在被检测物体中的衰减和吸收特性，利用放射性核素或其他辐射源发射出的、具有一定能量和强度的 X 射线或 γ 射线在被检测物体中的衰减规律及分布情况，对工件进行断层扫描，再经图像处理，最后给出真实反映工件内部结构的断层二维图像。

通常，一般辐射成像是将三维物体投影到二维平面成像，各层面影像重叠，造成相互干扰，不仅图像模糊，而且损失了深度信息，不能满足分析评价要求。工业 CT 扫描是把被测体所检测断层孤立出来成像，避免了其余部分的干扰和影响，图像质量高，能清晰、准确地展示所测部位内部的结构关系、物质组成及缺陷状况，检测效果是其他传统的无损检测方法所不及的。

5.1 工业 CT 测量技术

CT 技术（MCT 和 ICT）应用十分广泛，医用 CT 已为人们所熟知。工业 CT 的应用几乎遍及所有产业领域，航天、航空、兵工等领域的使用需求显得更为迫切。我国于 1993 年研制成功首台可供实用的工业 CT 机，并于 1996 年为航天部门设计生产了主要用于航天产品检测的首台商用工业 CT 机。

因同出于 CT 技术，医学 CT 和工业 CT 在基本原理和功能组成上是相同的，但因检测对象不同，技术指标及系统结构就有较大差别。前者检测对象是人体，单一而确定，性能指标及设备结构较规范，适于批量生产。工业 CT 检测对象是工业产品，形状、组成、尺寸及重量等千差万别，而且测量要求不一，由此带来技术上的复杂性及结构的多样化，专用性较强。随着制造业的迅速发展，对产品质量检验的要求越来越高，需要对越来越多的复杂部件甚至产品内部缺陷进行严格探伤和内部结构尺寸精确测量，传统的检测方法如超声波检测、射线照相检测等测量方法已不能满足要求。于是，许多先进的无损检测技术被开发应用于检测领域，工业 CT 技术便是其中的一种。

工业 CT 也是工业用计算机断层扫描成像技术的简称。虽然层析成像的有关数学理论早在 1971 年由 J.Radon 提出，但只是在计算机出现后并与放射学科结合后才成为一门新的成像技术，在工业方面特别是无损检测（NDT）与无损评价（NDE）领域更加显示出其独特之处。因此，国际无损检测界把工业 CT 誉为当今最佳无损检测和无损评估技术。20 世纪 80 年代以来，国际上主要工业化国家已经把射线的 ICT 用于航空、航天、军事、冶金、机械、石油、电力、地质、考古等部门的 NDT 和 NDE，检测对象有导弹、火箭发动机、军用密封组件、核废料、石油岩芯、计算机芯片、精密铸件与锻件、汽车轮胎、陶瓷及高、复合材料、海关毒品、考古化石等。我国 20 世纪 90 年代也已逐步把 ICT 技术用于工业无损检测领域。

CT 技术是近十年来发展迅速的电子计算机和 X 射线相结合的一项新颖的诊断新技术。其原理是基于从多个投影数据应用计算机重建图像的一种方法，现代断层成像过程中仅仅采集通过特定剖面（被检测对象的薄层，或称为切片）的投影数据，用来重建该剖面的图像，因此也就从根本上消除了传统断层成像的"焦平面"以外其他结构对感兴趣剖面的干扰，"焦平面"内结构的对比度得到了明显的增强；同时，断层图像中图像强度（灰度）数值能真正与被检对象材料的辐射密度产生对应的关系，发现被检对象内部辐射密度的微小变化。工业 CT 系统由射线源、探测器系统、数据采集系统、机械扫描系统、控制系统等部分组成，如图 5-1 所示。其中，射线源—机械扫描系统—探测器系统的组合对一台工业 CT 装置的性能起着决定作用，其各部分性能指标的高低直接影响着 CT 系统重建的图像质量。

射线源提供 CT 扫描成像的能量线束用以穿透试件，根据射线在试件内的衰减情况，实现以各点的衰减系数表征的 CT 图像重建。与射线源紧密相关的前直准器用以将射线源发出的锥形射线束处理成扇形束。后直准器用以屏蔽散射信号，改进接收数据质量。射线源常用 X 射线机和直线加速器，统称电子辐射发生器。电子回旋加速器从原则上说可以作 CT 的射线源，但是因为强度低，几乎没有得到实际的应用。X 射线机的峰值射线能量和强度都是可调的，实际应用的峰值射线能量范围从几 keV 到 450keV；直线加速器的峰值射线能量一般不可调，实际应用的峰值射线能量范围为 1~16MeV，更高的能量虽可以达到，但主要仅用于实验。电子辐射发生器的共同优点是切断电源以后就不再产生射线，这种内在的安全性对于

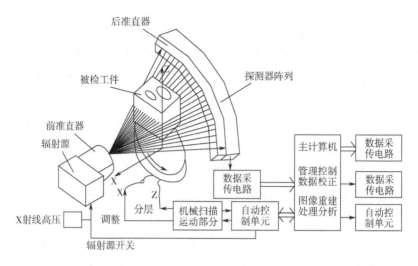

图 5-1 工业 CT 的组成

工业现场使用是非常有益的。电子辐射发生器的焦点尺寸为几微米到几毫米。在高能电子束转换为 X 射线的过程中，仅有小部分能量转换为 X 射线，大部分能量都转换成了热，焦点尺寸越小，阳极靶上局部功率密度越大，局部温度也越高。实际应用的功率是以阳极靶可以长期工作所能耐受的功率密度确定的。因此，小焦点乃至微焦点的射线源的使用功率或最大电压都要比大焦点的射线源低。电子辐射发生器的共同缺点是 X 射线能谱的多色性，这种连续能谱的 X 射线会引起衰减过程中的能谱硬化，导致各种与硬化相关的伪像。

探测器是工业 CT 装置的核心部件，用来测量穿透试件后的射线信号，经放大和模/数转换后，送入计算机进行图像重建。探测器的主要性能包括信噪比、动态范围、稳定性、均匀一致性、探测效率、分辨率、线性度等，其性能的好坏直接影响着图像的质量。工业 CT 常用的探测器有三种：闪烁体光电倍增管，闪烁体光电二极管和气体电离室探测器。探测系统一般是由多个探测器组成的探测器阵列，探测器数量越多，每次采样的点数也就越多，有利于缩短扫描时间、提高图像分辨率。

数据采集系统是计算机与外部数据联系的一个桥梁。探测器输出的电流信号一般很弱，为此，通过前级积分放大电路将来自多路的探测信号进行放大，通过A/D 转换器将模拟量转换成二进制数字信号，然后由数据采集系统采集送入计算机进行图像重建。数据采集系统的发展目前集中在传输速度、采集精度、可靠性和成本效益上，数据采集与传输系统的可靠性、稳定性和实时性以及所采集数据的准确性都将直接影响到重建图像的质量,因此设计一套稳定、可靠的数据采集系统对于工业 CT 来说极为重要。

机械扫描系统实现 CT 扫描时,试件的旋转或平移以及射线源—物体—探测器之间物理位置的相对调整。机械扫描系统要完成被检产品的运动、旋转及上升和下降;同时,在扫描过程中,还要实时反馈运动位置脉冲,用于实际位置校正和数据采集的控制。机械扫描系统一般根据被检产品的长宽高尺寸及分辨率的要求专门设计,被检产品的最大重量也是设计机械扫描系统时必须考虑的因素。不同规格的 CT 系统,结构可能有很大的不同,机械扫描系统大体上可分为卧式和立式两种,其中立式机械扫描系统是目前广泛采用的结构。

控制系统决定了 CT 系统的控制功能,它实现对扫描检测过程中机械运动的精确定位控制、系统的逻辑控制、时序控制及检测工作流程的顺序控制和系统各部分协调,并担负系统的安全联锁控制。

工业 CT 技术在实际工程中的应用主要体现在两个方面。

（1）无损检测

① 孔径测量。各种铝质铸件的检测成为工业 CT 的新兴市场,铸件上出现的孔会严重影响铸件本身的完整性和结构强度。CT 层析扫描数据可以显示铸件关键部位的孔质缺陷。体积 CT 数据组可以输入到高端的软件分析系统中,例如 GraphicsR VGStudio MaxTM,便于产品设计者和工程人员生成详细的铸件孔缺陷报告。用户可以对扫描数据进行体积透视图、彩色孔洞标识等特殊设置,便于识别和量化孔径特性。工业 CT 扫描仪广泛应用于评估发动机组、气缸盖、燃料泵机箱以及其他各种铸件的质量水平,这些铸件均具有复杂的内部结构特征,采用其他的检测技术都达不到有效的检测目的。

② 分层。许多航空部件都采用轻型的分层结构组合在一起,提高机体强度的同时增加整个系统的灵活性。这些结构一旦产生分裂,则会对飞机、飞行员、工作人员产生严重的危害,进而将所有乘客置于危险境地。在生产阶段对这些部件进行基准鉴定或对需要维护的部件进行定期检查是一种控制产品质量和提高产品安全性的有效方法。全方位的 CT 横断面解剖扫描图像为用户提供了一种简便、精细、呈现物体所有细节的观测层级部件的独特工具。

③ 裂纹。CT 扫描数据在热量和应力为决定性因素的产品研发阶段是一个很重要的工具。在每个生产阶段中的产品的模型状况都可以帮助设计者了解热量对最终产品的影响,如壁很薄的陶瓷件。先进的 CT 扫描图像可以在早期阶段识别产

品缺陷，可以在产品批量生产之前最大限度地强化其性能，确保其高质量。

④ 空隙和内含物。各种铸件体上的孔隙缺陷扫描是 CT 应用的典型例子之一，还有一个例子就是组合结构中气泡或空隙的检测，例如髋关节置入物检测。CT 横断面扫描图可以清晰显示结构组合表面状况，显示出可能会影响结构完整性和牢固性的孔隙或缝隙的存在。

角度 CT 可以通过三维定位木材中的木节，因此在木材工业中得到了广泛的应用。木头缺陷信息可以用于确定最有效的锯木方式，以达到最大的有效表面积。此外，CT 扫描仪可以检测原木中的包含物，这些包含物都是一些为了扰乱正常木材工业运作的外界激进环境行为而产生的。在加拿大温哥华，就曾经安装了一台 3MVCT/DR 扫描机，专门用于检测直径 1m、高 5.0m 的原木材料。

⑤ 结构。喷气式发动机的螺旋桨叶片检测是工业 CT 铸件扫描的一大应用。弯曲范围、孔径的集中性和其他特征测量信息都可以在单层扫描中获得。铸件结构的复杂性和设计生产成本的耗费性，使得 X 光断层扫描无损检测技术具有更大的吸引力。CT 全体积扫描数据可以输入到高端的表面和固体铸模软件系统中，便于产品模型与 CAD 模型相对比，发现缺陷。

⑥ 人体组织结构。各种各样的先进的人体整形移植设备都是从小哺乳动物身上开始研制并仿制出来的。为了评估某项给定技术的效用性，其验证的过程都采用严格的标准规定进行全程考核和监控。CT 扫描仪可以进行全程扫描，有效验证某种特定设备和技术的有效性。微型聚焦 CT 以其低能耗、高分辨率的卓越性能在该应用领域独领风骚。

⑦ 科学研究。CT 扫描图像可以专业用于地质学样品和各种化石的科学研究，其固有的无损特性在检测样品复杂内部特征的同时保护了样品的完整性。得克萨斯州立大学一直都在使用 BIR 的 ACTIS 系列 CT 扫描设备进行地质学和古生物学研究。在 NASA（美国国家航空航天局）SBIR 任务第二阶段，科学家们就开始和 BIR 合作开发一款微型 CT 扫描设备，专门用于在火星上检测岩石样品，以期从化石中发现任何生命形式的存在。

（2）计量

① 最初物品检测。CT 计量技术越来越多地被应用于首部件检测领域。只对最终部件检测已经不再符合产品质量验收的标准需求。通过将首件与 CAD 模型对比，设计者可以对产品整体设计进行优化，包括原材料使用量、整体结构强度、产品特定应用领域的匹配性等。如果在产品生产的各个阶段对其进行持续的检测修

正，产品质量就会大幅提高，与此同时消耗也会随之减少。

② 快速成型。CT 体积扫描数据组可以转化成 STL 文件直接输入立体平板印刷系统，快速创建具有复杂内部结构的产品模型。这对于制造成本高的产品和运用平面扫描技术无法获取其精细内部结构特征的试件检测具有尤其重要的意义。CT 扫描是完全无损检测。试件的快速扫描成型可以在最早阶段无须花费任何生产成本及时发现其结构缺陷。

③ 逆向工程。CT 体积扫描是获取没有任何图纸或 CAD 模型数据留存的已有部件的尺寸和结构数据信息的最有效方式。运用当今先进的表面和固体铸模软件工具包，可以简便有效地在旧部件的基础上升级和设计新产品，而不必重新开始整个产品的设计，节省时间和精力。CT 体积扫描为新产品的研发和产品设计的改进提供基础数据，代替原始的设计草图。其他的扫描技术都能有效地获取物体表面信息，而只有 X 光工业 CT 扫描仪可以不对物体造成任何伤害地获取物体内外部几何信息。X 光 CT 无损检测对稀有和珍贵物件是尤其重要的。

④ 零部件的快速加工与生产。众多的零部件生产厂家都越来越倾向于产品的全数字化设计和生产。这是一项艰巨的任务，取决于所生产的部件类型和该部件产品的设计方案。X 光通过扫描物体的内部几何结构，生成体积点雾或 STL 数据格式，为测量者提供重要的图像研究依据。这些数据文件均可以进行存档，当产品批量生产时可以将数据输入到生产系统中，全面应用。一些类似于机翼的部件不能长时间储存，以免实际使用中产生偏差，快速生产就是针对该种产品生产的有效解决方法，在这一应用趋势中，CT 的重要功用逐步展现。

5.2　Phoenix v 工业 CT 系统

Phoenix v 工业 CT 系统是德国菲尼克斯公司生产的，应用于无损检测领域高分辨率 2D X 射线检测系统和 3D 数字 X 线断层扫描系统（工业 CT）。本节以 Phoenix v|tome|x s（工业微米 CT　v|tome|x s ）为例介绍其系统及其在各个领域中的应用。

Phoenix v|tome|x s 是一款多功能高分辨率工业 CT 系统，可用于 2D X 射线检测和 3D CT（微米 CT 和纳米 CT），也能实现 3D 测量，如图 5-2 所示。为了增加设备的灵活性，Phoenix v|tome|x s 能够同时装配 180kV/15W 的高功率纳米焦点 X 射线管、240kV/320W 微米焦点射线管。无论是用高分辨率扫描低射线吸收率工件，

还是对高射线吸收率工件进行 3D 分析，因为这种独特的组合模式，使得该系统在广泛的应用领域中成为一个非常高效、可靠的工具。

图 5-2　Phoenix v|tome|x s 系统外观图

Phoenix v|tome|x s 系统内部为水平结构设计，避免 CT 扫描时大样品重心晃动对旋转轴心的影响，如图 5-3 所示。其放射源采用的是双射线管，如图 5-4 所示。

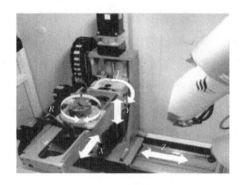

图 5-3　Phoenix v|tome|x s 系统内部结构

五轴控制：X——300mm；Y——405mm；Z——475mm 倾斜；T——+/-45°旋转——360°最大载重 10kg。

（a）开放式微焦点定向射线管：　　　　　（b）开放式纳米焦点透射射线管：
　　xs|240d 240kV/320W　　　　　　　　　xs|180T nanofocus 180kV/15W

图 5-4　Phoenix v|tome|x s 双射线管

Phoenix v|tome|x s 的应用主要如下。

（1）三维计算机断层成像

工业 X 射线三维计算机断层扫描（微米 CT 或纳米 CT）的经典应用为金属和塑料铸件的检测和三维计量。然而，Phoenix|X 射线的高分辨率 X 射线技术在众多领域开辟了新应用，如传感器技术、电子、材料科学以及许多其他自然科学。例如，涡轮叶片是复杂的高性能铸件，则必须符合质量和安全要求。CT 可进行故障分析以及精确且重现性好的三维计量（如壁厚），如图 5-5 所示。

图 5-5　涡轮叶片的三维计量

（2）材料科学

高分辨率 CT 不仅能用于检测常规材料、复合材料、陶瓷材料和烧结材料，还能分析地质样本和生物样本。在微米分辨率下就能对材料中成分的分布、空洞和裂痕实现三维可视化。对于玻璃纤维增强塑料制成的物体的 CT，玻璃纤维和矿物填料（紫色）的凝聚体的方位和分布都清晰可见，如图 5-6 所示。纤维宽度大约为 10μm。

图 5-6　玻璃纤维 CT

（3）地质勘探领域

高分辨率 CT（微米 CT 或纳米 CT）广泛应用于检测地质样本。例如，探测新能源。高分辨率 CT 系统提供的三维图像能够展示微米级别的岩石样本、黏合剂、水泥、孔隙，以便更精确地判定当前样品的特性，诸如在含油层中空洞的大小及位置。生物甲烷石灰样本的纳米 CT 如图 5-7 所示，岩石已淡出，以更好地使空隙构造可视化。2μm 的体素分辨率可进行内部构造分析。

图 5-7　生物甲烷石灰样本的 CT

（图片来自哥廷根大学的地球科学中心）

（4）测量技术

X 射线 3D 测量技术能够对复杂工件的内部实现非破坏性测量。相比于传统的触点坐标测量技术，CT 扫描能够同时获取工件表面的所有点，包括所有隐藏的特征。如浮雕，采用其他的测量方式进行非破坏性测量是不可能实现的。v|tome|x 配备的特殊的 3D 测量包提供了实现最大精度、可重复性、界面友好的三维测量所需的一切，从校正模块到表面提取模块。除了二维壁厚测量，CT 的体数据能够快速、简便地与 CAD 数据进行对比。例如，可以用来分析整个部件的所有尺寸是否符合设计的尺寸。图 5-8 为缸盖的三维计量。

（5）塑料工程

在塑料工程中，高分辨率 X 射线技术通过检测收缩腔、水泡、焊接线、裂缝以及缺陷分析来优化铸件和喷漆工艺。X 射线 CT（微米 CT 或纳米 CT）能够提供三维图像以展示工件的特征，诸如晶体流动模式、填充物分布和低对比度缺陷。铸造失效分析后喷铸齿轮的微焦距计算机断层扫描（micro CT）图像如图 5-9 所示，沿齿处材料较集中，缩孔已经形成，颜色指示缩孔的大小。

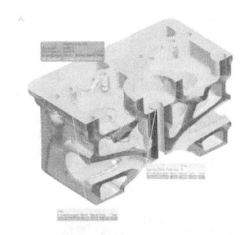

图 5-8　缸盖的三维计量

图 5-9　喷铸齿轮的 CT 图像（见书后彩插）

（6）传感器与电气工程

对于传感器和电子部件的检测而言，高分辨率 X 射线技术通常用于检测、评估触电、接头、外壳、绝缘体和封装状况，还能在不破坏器件的前提下检测半导体元件和电气设备（焊点）。图 5-10 所示为 1.4mm 压接高度的压接 CT 图像。为确定单线的数量和压接密度，生成了入口区、出口区和压接区本身（绿色）3 个层析层；19 股线进入，但只有 17 股线退出压接区。由于缺乏材料，压接区内形成了小空洞。图 5-11 所示为一个表达式探针（连接器端视图）的微焦点计算机断层扫描图像，显示铬镍铁合金保护套（黄色），包括激光焊接的接缝、压接连接（蓝色）和陶瓷的氧传感器的触点（蓝/红）。

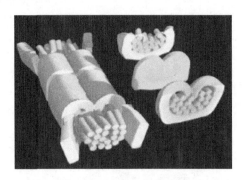

图 5-10　1.4mm 压接高度的 CT 图像（见书后彩插）

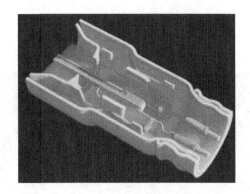

图 5-11　探针的 CT 图像（见书后彩插）

（7）铸件与焊接

　　射线无损检测用于检测铸件和焊缝缺陷。微焦点 X 射线技术和工业 X 射线计算机断层扫描的结合，使得微米范围内的缺陷探测成为可能，并提供低对比度缺陷的三维图像。如图 5-12 所示，铸铝活塞的 CT 图像显示被检测对象的隐藏的轮廓和内表面，包括一些空洞，可自动计算其尺寸和位置。

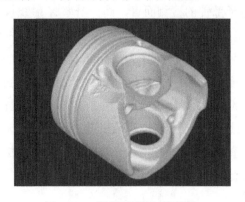

图 5-12　铸铝活塞的 CT 图像

6

常见的点云数据格式及处理流程

点云是由一组三维坐标点组成的有代表性的数据类型。每一个点都被定义了 X、Y、Z 坐标值，并且对应了其在物体曲面上的位置。在计算机中可直接看到点云，但是多数 3D 软件中都不能直接使用。点云通常需要经过面片建模、逆向设计等过程将其转化为面片模型。

以 CloudCompare2.9.1 为例，该软件支持的输入文件格式见表 6-1。

表 6-1　CloudCompare 2.9.1 支持的输入文件格式

文件格式	文件名
*.asc	ASCII cloud
*.csv	ASCII cloud
*.neu	ASCII cloud
*.pts	ASCII cloud
*.txt	ASCII cloud
*.xyz	ASCII cloud
*.bin	CloudCompare entities
*.icm	Clouds + calibrated imaged
*.pov	Clouds + sensor info.
*.csv	CSV matrix cloud
*.dp	DotProduct cloud
*.dxf	DXF geometry
*.e57	E57 cloud
*.fbx	FBX mesh
*.las	LAS cloud
*.laz	LAS cloud
*.soi	Mensi Soisic cloud
*.obj	OBJ mesh

续表

文件格式	文件名
*.off	OFF mesh
*.mac	PDMS primitives
*.pdms	PDMS primitives
*.pdmsmac	PDMS primitives
*.psz	Photoscan project
*.ply	PLY mesh
*.pcd	Point Cloud Library cloud
*.pn	Point+Normal cloud
*.pv	Point+Value cloud
*.ptx	PTX cloud
.	RASTER grid
*.rdb	Riegl files
*.rds	Riegl files
*.rdbx	Riegl RDB 2 loader
*.poly	Salome Hydro polylines
*.shp	SHP entity
*.sx	Sinusx curve
*.out	Snavely's Bundler output
*.stl	STL mesh
*.vtk	VTK cloud or mesh

其中，标灰的格式为常见格式。可以看到，点云软件支持和实现大部分常见格式。

6.1　常见的点云数据格式

6.1.1　LAS/LAZ 文件格式

　　LAS 文件格式是 2003 年 5 月由美国摄影测量与遥感协会（American Society for Photogrammetry and Remote Sensing，ASPRS）LiDAR 委员会发布的点云工业标准数据格式，目的是规范激光点云的数据格式。LAS 是一种二进制文件格式，采用二进制存储，支持记录激光点的三维坐标和强度、回波、RGB、扫描角等多种信息，是目前测绘领域最为广泛使用的点云数据格式。LAZ 文件格式则是 LAS 文件格式的无损压缩版本，由于采用了分块压缩的方法，降低了文件的读写效率，主要用于对存储空间要求比较高的情况。

LAS 文件包含以下信息：

C——class（所属类）；

F——flight（航线号）；

T——time（GPS 时间）；

I——intensity（回波强度）；

R——return（第几次回波）；

N——number of return（回波次数）；

A——scan angle（扫描角）；

RGB——red green blue（RGB 颜色值）。

示例见表 6-2。

表 6-2 信息示例

C	F	T	X	Y	Z	I	R	N	A	R	G	B
1	5	405652.3622	656970.13	4770455.11	127.99	5.6	First	1	30	180	71	96
3	5	405652.3622	656968.85	4770455.33	130.45	2.8	First	1	30	180	130	122
3	5	405653.0426	656884.96	4770424.85	143.28	0.2	First	2	−11	120	137	95
1	5	405653.0426	656884.97	4770421.30	132.13	5.2	Last	2	−11	170	99	110

可以看出，LAS 文件格式除了基本的三维坐标之外，还保留了原始扫描的数据采集信息。LAS 格式定义中用到的数据类型遵循 1999 年美国国家标准化协会（American National Standards Institute，ANSI）C 语言标准。

6.1.2　OBJ 文件格式

OBJ 文件格式是由 Alias|Wavefront Techonologies 公司从几何学上定义的 3D 模型文件格式，是一种文本文件，通常用以 "#" 开头的注释行作为文件头。数据部分每一行的开头关键字代表该行数据所表示的几何和模型元素，以空格作数据分隔符。

对于点云数据来说，其中最基本的两个关键字是：

- v——几何体顶点（Geometric vertices）；
- f——面（Face）。

示例：一个四边形的数据表示

v −0.58 0.84 0

v 2.68 1.17 0

v 2.84 −2.03 0

v 1.92 −2.89 0

f 1 2 3 4

6.1.3 OFF 文件格式

相对于 OBJ 格式文件，OFF 文件有更简单的存储格式，是一种文本格式。

OFF 格式文件头有两行：第一行以 OFF 关键字开头，第二行表示顶点数、面数、边数。主体分为顶点坐标（顶点列表）和面的顶点索引（面列表）两个部分，其中每个面的顶点数可以指定，用第一个数表示。

示例：一个立方体

OFF

8 6 0

−0.500000 −0.500000 0.500000

0.500000 −0.500000 0.500000

−0.500000 0.500000 0.500000

0.500000 0.500000 0.500000

−0.500000 0.500000 −0.500000

0.500000 0.500000 −0.500000

−0.500000 −0.500000 −0.500000

0.500000 −0.500000 −0.500000

4 0 1 3 2

4 2 3 5 4

4 4 5 7 6

4 6 7 1 0

4 1 7 5 3

4 6 0 2 4

6.1.4　PCAP 文件格式

PCAP 是一种通用的数据流格式，现在流行的 Velodyne 公司出品的激光雷达默认采集数据文件格式。它是一种二进制文件。

数据构成结构如图 6-1 所示。

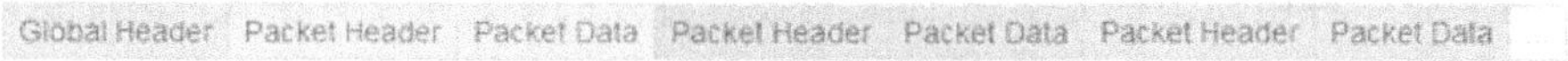

| Global Header | Packet Header | Packet Data | Packet Header | Packet Data | Packet Header | Packet Data |

图 6-1　PCAP 格式结构

整体为一个全局头部（Global Header），然后分成若干个包（Packet），每个包又包含头部（Header）和数据（Data）部分。

6.1.5　PCD 文件格式

PCL 库官方指定格式，典型的为点云量身定制的格式。优点是支持 n 维点类型扩展机制，能够更好地发挥 PCL 库的点云处理性能。文件格式有文本和二进制两种格式。

PCD 格式具有文件头，用于描绘点云的整体信息。数据本体部分由点的笛卡儿坐标构成，文本模式下以空格作分隔符。

示例：

```
# .PCD v.7 – Point Cloud Data file format
VERSION .7
FIELDS x y z rgb
SIZE 4 4 4 4
TYPE F FFF
COUNT 1 1 1 1
WIDTH 213
HEIGHT 1
VIEWPOINT 0 0 0 1 0 0 0
POINTS 213
DATA ascii
0.93773 0.33763 0 4.2108e+06
```

0.90805 0.35641 0 4.2108e+06

除了 PCL 库之外，MATLAB 也可以通过 pcread 函数直接载入该格式。

6.1.6　PLY 文件格式

PLY 是一种由斯坦福大学的 Turk 等设计开发的多边形文件格式，因而也被称为斯坦福三角格式。文件格式有文本和二进制两种格式。

典型的 PLY 对象定义仅仅是顶点的（x，y，z）三元组列表和由顶点列表中的索引描述的面的列表。

文件结构如下：

- header　（头部）
- vertex List　（顶点列表）
- face List　（面列表）
- lists of other elements（其他元素列表）

示例：

```
ply
format ascii1.0              { ascii/binary, formatversion number }
comment made byGreg Turk   { comments keyword specified, like all lines }
comment thisfile is a cube
element vertex8              { define "vertex" element, 8 of them in file }
property floatx              { vertex contains float "x" coordinate }
property floaty              { y coordinate is also avertex property }
property floatz              { z coordinate, too }
element face6                { there are 6 "face" elements in the file }
property listuchar int vertex_index { "vertex_indices" is a list of ints }
end_header                      { delimits the end of theheader }
0 0 0                           { start of vertex list }
0 0 1
0 1 1
0 1 0
1 0 0
```

```
1 0 1
1 1 1
1 1 0
4 0 1 2 3                          { start of face list }
4 7 6 5 4
4 0 4 5 1
4 1 5 6 2
4 2 6 7 3
4 3 7 4 0
```

MATLAB 也可以通过 pcread 函数直接载入该格式。

6.1.7　PTS 文件格式

PTS 被称为最简便的点云格式，属于文本格式。只包含点坐标信息，按 XYZ 顺序存储，数字之间用空格间隔。

示例：

```
0.780933 –45.9836 –2.47675
4.75189 –38.1508 –4.34072
7.16471 –35.9699 –3.60734
9.12254 –46.1688 –8.60547
15.4418 –46.1823 –9.14635
2.83145 –52.2864 –7.27532
0.160988 –53.076 –5.00516
```

6.1.8　STL 文件格式

STL 是 3D Systems 公司创建的模型文件格式，用于表示三角形网格，主要应用于 CAD、CAM 领域。STL 从功能上只能用来表示封闭面或体，有文本和二进制两种文件格式。

文本格式的 STL 文件的首行给出了文件路径及文件名，下面逐行给出三角面片的几何信息，每一行以 1 个或 2 个关键字开头。STL 文件格式以三角面（facet）

为单位组织数据，每一个三角面由 7 行数据组成：facet normal 是三角面片指向实体外部的法向量坐标，outer loop 说明随后的 3 行数据分别是三角面片的 3 个顶点坐标（vertex），3 顶点沿指向实体外部的法向量方向逆时针排列，最后一行是结束标志。

文件格式：

solidfilenamestl //文件路径及文件名

facet normal x y z // 三角面片法向量的 3 个分量值

outer loop

vertex x y z //三角面片第一个顶点的坐标

vertex x y z // 三角面片第二个顶点的坐标

vertex x y z //三角面片第三个顶点的坐标

endloop

endfacet // 第一个三角面片定义完毕

......

......

endsolid filenamestl //整个文件结束

二进制 STL 文件用固定的字节数给出三角面片的几何信息。

┃ 80 字节：文件头，存放任何文字信息

┃ 4 字节：三角面片个数

┃ 每 50 字节：一个三角面

  Ø 3 x 4 字节：法向量浮点数

  Ø 3 x 4 x 3 字节：三个顶点坐标

  Ø 最后 2 个字节：预留位

6.1.9 XYZ 文件格式

XYZ 是一种文本格式，前面 3 个数字表示点坐标，后面 3 个数字是点的法向量，数字间以空格分隔。

示例：

0.031822 0.0158355 −0.047992 0.000403 −0.0620185 −0.005498

−0.002863 −0.0600555 −0.009567 −0.001945 −0.0412555 −0.001349

−0.001867 −0.0423475 −0.0019 0.002323 −0.0617885 −0.00364

6.2　点云数据处理流程

6.2.1　点云处理的三个层次

　　Marr 将图像处理分为三个层次，低层次包括图像强化、滤波、关键点/边缘检测等基本操作；中层次包括连通域标记（label）、图像分割等操作；高层次包括物体识别、场景分析等操作。工程中的任务往往需要用到多个层次的图像处理手段。

　　PCL 官网对点云处理方法给出了较为明晰的层次划分，如图 6-2 所示。

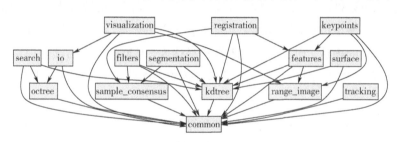

图 6-2　点云处理方法图

　　图中，common 指的是点云数据的类型，包括 XYZ，XYZC，XYZN，XYZG 等很多类型点云，归根结底，最重要的信息还是包含在 pcl：：point XYZ 中。可以看出，低层次的点云处理主要包括滤波（filters）、关键点（keypoints）/边缘检测。点云的中层次处理则是特征描述（feature）、分割（segmention）与分类。高层次处理包括配准（registration）、识别（recognition）。可见，点云在分割的难易程度上比图像处理更有优势，准确的分割也为识别打好了基础。

6.2.2　低层次处理方法

　　（1）点云滤波（数据预处理）

　　点云滤波是指对噪声的过滤。原始采集的点云数据往往包含大量散列点、孤立点，图 6-3 为滤波前后的点云效果对比。

点云滤波的主要方法有双边滤波、高斯滤波、条件滤波、直通滤波、随机采样一致滤波、VoxelGrid 滤波等，这些算法都被封装在了 PCL 点云库中。

图 6-3　滤波前后的点云效果对比

（2）点云关键点

二维图像上，有 Harris、SIFT、SURF、KAZE 这样的关键点提取算法，这种特征点的思想可以推广到三维空间。从技术上来说，关键点的数量相比于原始点云或图像的数据量减少很多，与局部特征描述子结合在一起，组成关键点描述子常用于形成原始数据的表达，而且不失代表性和描述性，从而加快了后续的识别、追踪等对数据处理的速度。因此，关键点技术成为在 2D 和 3D 信息处理中非常关键的技术。

常见的三维点云关键点提取算法有以下几种：ISS3D、Harris3D、NARF、SIFT3D。这些算法在 PCL 库中都有实现，其中 NARF 算法较为常用。

6.2.3　中层次处理方法

（1）特征和特征描述

要对一个三维点云进行描述，光有点云的位置是不够的，常常需要计算一些额外的参数，如法线方向、曲率、文理特征等。如同图像的特征一样，我们需要使用类似的方式来描述三维点云的特征（图 6-4）。

常用的特征描述算法有法线和曲率计算、特征值分析、PFH、FPFH、3D Shape Context、Spin Image 等（PFH：点特征直方图描述子；FPFH：快速点特征直方图描述子，FPFH 是 PFH 的简化形式；3D Shape Context：形状描述子；Spin Image：旋转图像，最早是 Johnson 提出的特征描述子，主要用于 3D 场景中的曲面匹配和模型识别）。

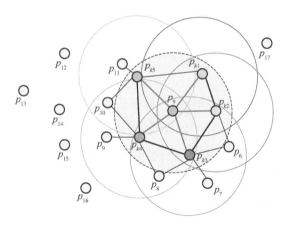

图 6-4　三维点云特征图

（2）点云分割与分类

点云分割又分为区域提取、线面提取、语义分割与聚类等。一般来说，点云分割是目标识别的基础。

分割：区域声场、Ransac 线面提取、NDT-RANSAC、K-Means、Normalize Cut、3D Hough Transform（线面提取）、连通分析。

分类：基于点的分类，基于分割的分类，监督分类与非监督分类。

6.2.4　高层次处理方法

（1）点云配准

点云配准分为粗配准（Coarse Registration）和精配准（Fine Registration）两个阶段。

精配准的目的是在粗配准的基础上让点云之间的空间位置差别最小化。应用最为广泛的精配准算法是 ICP 以及 ICP 的各种变种（稳健 ICP、point to plane ICP、Point to line ICP、MBICP、GICP、NICP）。

粗配准是指在点云相对位姿完全未知的情况下对点云进行配准，可以为精配准提供良好的初始值。当前较为普遍的点云自动粗配准算法包括基于穷举搜索的配准算法和基于特征匹配的配准算法。

基于穷举搜索的配准算法：遍历整个变换空间以选取使误差函数最小化的变换关系或者列举出使最多点对满足的变换关系，如 RANSAC 配准算法、四点一致集配准算法（4-Point Congruent Set，4PCS）、Super4PCS 算法等。

基于特征匹配的配准算法：通过被测物体本身所具备的形态特性构建点云间

的匹配对应，然后采用相关算法对变换关系进行估计。如基于点 FPFH 特征的
SAC-IA、FGR 等算法、基于点 SHOT 特征的 AO 算法以及基于线特征的 ICL 等。

（2）SLAM 图优化

SLAM 技术中，在图像前端主要获取点云数据，而在后端优化主要就是依靠图
优化工具。而 SLAM 技术近年来的发展已经改变了这种技术策略。在过去的经典
策略中，为了求解 LandMark 和 Location，将它转化为一个稀疏图的优化，常常使
用 g2o 工具来进行图优化。一些常用的 SLAM 图优化工具和方法如下。

SLAM 工具：g2o、LUM、ELCH、Toro、SPA。

SLAM 方法：ICP、MBICP、IDC、likehood Field、Cross Correlation、NDT。

（3）三维重建

一般获取到的点云数据都是一个个孤立的点，如何从一个个孤立的点得到整
个曲面呢，这时候就需要三维重建。在使用 kinectFusion 时，会发现曲面渐渐变平
缓，这就是重建算法不断迭代的效果。一般采集到的点云是充满噪声和孤立点的，
三维重建算法为了重构出曲面，常常要应对这种噪声，获得平滑的曲面。

常用的三维重建算法和技术有泊松重建、Delaunay triangulations、表面重建、
人体重建、建筑物重建、树木重建。

（4）点云数据管理

点云数据管理包括点云压缩、点云索引（KD、Octree）、点云 LOD（金字塔）、
海量点云的渲染。

7

Geomagic Design X 逆向建模

Geomagic Design X 是 Geomagic 公司推出的一款正逆向建模软件，它具有逆向建模软件采集原始扫描数据并进行预处理的功能，还具有正向建模软件的正向设计功能，并且可以直接由扫描设备得到的 3D 扫描数据创建完全参数化的 CAD 模型，这些设计参数也是可以自由修改的。Gcomagic Design X 可以使工程师在实物样品的特征有部分损坏或扫描数据不完整的情况下，提取到模型的设计意图和设计参数，重构得到产品的完整 CAD 模型，再重建 CAD 模型。

Geomagic Design X（原 Rapidform XOR）是业界功能最全面的逆向工程软件，结合基于历史树的 CAD 数模和三维扫描数据处理，能创建出可编辑、基于特征的 CAD 数模，并与现有的 CAD 软件兼容。

Geomagic Design X 的主要优点如下：

① 拓宽设计能力。Geomagic Design X 通过最简单的方式由 3D 扫描仪采集的数据创建出可编辑、基于特征的 CAD 数模并将它们集成到现有的工程设计流程中。

② 加快产品上市时间。Geomagic Design X 可以缩短从研发到完成设计的时间，从而可以在产品设计过程中节省数天甚至数周的时间。对于扫描原型、现有的零件、工装零件及其相关部件，以及创建设计来说，Geomagic Design X 可以在短时间内实现手动测量并且创建 CAD 模型。

③ 改善 CAD 工作环境。Geomagic Design X 可以无缝地将三维扫描技术添加到日常设计流程中，提升了工作效率，并可直接将原始数据导出到 SolidWorks、Siemens NX、Autodesk、Inventor、PTC Creo 及 Pro/Engineer。

④ 实现不可能。Geomagic Design X 可以创建出非逆向工程无法完成的设计。例如，需要和人体完美拟合的定制产品，创建的组件必须整合现有产品、精度要求

精确到几微米，创建无法测量的复杂几何形状。

⑤ 降低成本。Geomagic Design X 可以重复使用现有的设计数据，因而无须手动更新旧图纸、精确地测量以及在 CAD 中重新建模，减少高成本的失误，提高了与其他部件拟合的精度。

⑥ 强大且灵活。Geomagic Design X 基于完整 CAD 核心而构建，所有的作业用一个程序完成，用户不必往返进出程序。并且依据错误修正功能自动处理扫描数据，所以能够更简单快捷地处理更多的数据。

⑦ 基于 CAD 软件的用户界面更容易理解学习。使用过 CAD 的工作人员很容易开始 Geomagic Design X 的学习，Rapidform 的实体建模工具是基于 CAD 的建模工具，简洁的用户界面有利于软件的学习。

7.1　Geomagic Design X 系统组成

Geomagic Dsign X 的逆向建模系统主要包括以下 9 个模块：初始模块、模型模块、草图模块、3D 草图模块、对齐模块、曲面创建模块、点处理模块、多边形处理模块和领域划分模块。

7.1.1　初始模块

此模块的主要作用是给软件操作人员提供基础的操作环境，包含的主要功能有文件打开与存取、对点云或多边形数据的采集方式的选择、建模数据实时转换到正向建模软件中以及帮助选项等。

7.1.2　模型模块

此模块的主要作用是对实体模型或曲面进行编辑与修改，包含的主要功能有：
① 创建实体（曲面），拉伸、回转、放样、扫描与基础实体（或曲面）。
② 进入面片拟合、放样向导、拉伸精灵、回转精灵、扫略精灵等快捷向导命令。
③ 构建参考坐标系与参考几何图形（点、线、面）。
④ 编辑实体模型，包括布尔运算、圆角、倒角、拔模、建立薄壁实体等。
⑤ 编辑曲面，包括剪切曲面、延长曲面、缝合曲面、偏移曲面等。
⑥ 阵列相关的实体与平面，移动、删除、分割实体或曲面。

7.1.3　草图模块

此模块的主要功能是对草图进行绘制，包括草图与面片草图两种操作形式。草图是在已知平面上进行草图绘制；面片草图是通过定义一平面，截取面片数据的截面轮廓线为参考进行草图绘制。此模块包含的主要功能有：

① 绘制直线、矩形、圆弧、圆、样条曲面等。

② 选用剪切、偏置、要素变换、整列等常用绘图命令。

③ 设置草图约束条件，设置样条曲线的控制点。

7.1.4　3D 草图模块

此模块的主要作用是绘制 3D 草图，包括 3D 草图与 3D 面片草图两种形式。此模块包含的主要功能有：

① 绘制样条曲线。

② 进行对样条曲线的剪切、延长、分割、合并等操作。

③ 提取曲面片的轮廓线、构造曲面片网格与移动曲面组。

④ 设置样条曲线的终点、交叉与插入的控制数。

7.1.5　对齐模块

此模块主要用于将模型数据进行坐标系的对齐，包含的主要功能有：

① 对齐扫描得到的面片或点云数据。

② 对齐面片与世界坐标系。

③ 对齐扫描数据与现有的 CAD 模型。

7.1.6　曲面创建模块

此模块的主要作用是通过提取轮廓线、构造曲面网格，从而拟合出光顺、精确的 NURBS 曲面。此模块包含的主要功能有：

① 自动曲面化。

② 提取轮廓线，自动检测并提取面片上的特征曲线。

③ 绘制特征曲线，并进行剪切、分割、平滑等处理。

④ 构造曲面网格。

⑤ 移动曲面片组。

⑥ 拟合曲面。

7.1.7　点处理模块

此模块的主要作用是对导入的点云数据进行处理，获取一组整齐、精简的点云数据，并封装成面片数据模型。此模块包含的主要功能有：

① 运行"面片创建精灵"命令快速创建面片数据。

② 修改模型中点的法线方向。

③ 对扫描数据进行三角面片化。

④ 消除点云数据中的杂点，平滑点云数据并进行采样处理。

⑤ 偏移、分割点云，将体线面等要素变化为点云。

7.1.8　多边形处理模块

此模块的主要作用是对多边形数据模型进行表面光顺及优化处理，以获得光顺、完整的多边形模型，并消除错误的三角面片，提高后续拟合曲面的质量。此模块包含的主要功能有：

① 运行"面片创建精灵"将多边形数据快速转换为面片数据。

② 修补精灵智能修复非流行顶点、重叠单元面、悬挂的单元面、小单元面等。

③ 智能刷将多边形表面进平滑、削减、清除、变形等操作。

④ 填充孔、删除特征、移除标记。

⑤ 加强形状、整体再面片化、面片的优化等。

⑥ 削减、细分、平滑多边形。

⑦ 选择平面、曲线、薄片对模型进行裁剪。

⑧ 通过曲线或手动绘制路径来移除面片的某些部分。

⑨ 修正面片的法线方向。

⑩ 赋厚、抽壳、偏移三角网格。

⑪ 合并多边形对象，并进行布尔运算。

7.1.9　领域划分模块

此模块的主要作用是根据扫描数据的曲率和特征将面片划分为不同的几何领域。此模块包含的主要功能有：

① 自动分割领域。

② 重新对局部进行领域划分。

③ 手动合并、分割、插入、分离、扩大与缩小领域。

④ 定义划分领域的公差与孤立点比例。

7.2 Geomagic Design X 系统操作流程及功能

7.2.1 工作界面

有两种方法可以启动 Geomagic Design X 应用软件：

① 单击"开始"菜单中的 Geomagic Design X 程序；

② 双击桌面上 Geomagic Design X 图标 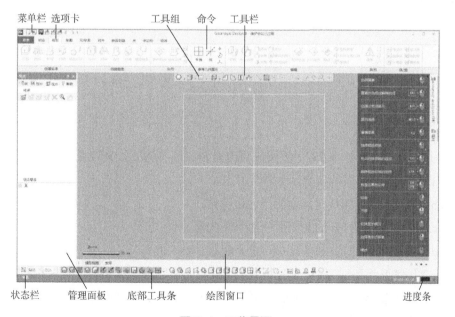 。

进入 Geomagic Design X 后将会看到如图 7-1 所示的工作界面。工作界面分为应用程序菜单栏、选项卡、工具栏（分为多个工具组）、管理面板、绘图窗口、状态栏、进度条。

图 7-1 工作界面

打开文件：选择"打开"按钮 或从主菜单选择打开，从打开文件对话框中选择*.xrl，单击"打开"，这个文件被加载并显示在模型视图里。

> **注：**
>
> 打开命令是打开*.rwl、*.xrl 与*.xpl 格式的文件，其他格式文件必须使用导入命令。

提示：

Geomagic Design X 可支持多种格式的点云数据、多边形数据与实体模型数据的导入，同时也能够以多种不同方法进行导出。支持导入模型数据的格式有*.xdl、*.xpc、*.mdl、*.asc、*.pts、*.fcs、*.stl、*.obj、*.ply、*.e57、*.3ds、*.wrl、*.icf、*.iges、*.stp、*.sat 等多种格式。

导出模型：生成模型后，模型导出的方法有两种：

① 将模型保存为*.stl 或*.iges 等通用格式文件输出；

② 将模型通过"实时转换"命令导出到正向建模软件，如 SolidWorks、Pro/E、AutoCAD 等。

Geomagic Design X 的工具栏包含数据显示模式、视点选项与选择工具，如图 7-2 所示。

图 7-2 工具栏

（1）显示模式

① "面片显示" ⬡ . 主要用来更改面片的渲染模式，其主要包括：

a. "点集" ⠿：面片仅显示为单元点云；

b. "线框" ⬡：面片仅显示为单元边界线；

c. "曲率" ⬡：打开或关闭面片曲率图的可见性；

d. "领域" ⬡：打开或关闭领域的可见性；

e. "几何形状类型" ⬠：改变领域显示，将所有领域类型进行不同颜色的分类。

② "体显示" ⬜ . 用来更改实体的显示模式，其主要包括：

a. "线框" ⬜：仅显示物体的边界线；

b. "隐藏线" ⬜：只显示物体的边界线，将边界线显示为虚线；

c. "渲染" ⬜：只进行没有边界线的渲染；

d. "渲染可见的边界线" ▢：显示个体的面与可见的边界线。

③ "精度分析" ▢：用于实体或曲面模型与原扫描数据进行比较。在建模命令或基准模式中将其激活，使用此命令进行建模决策，以取得最精确的结果，其主要包括：

a. "体偏差" ▢：比较实体或曲面与扫描件数据的偏差；

b. "面片偏差" ◯：比较面片与扫描数据的偏差；

c. "曲率" ▢：分析高曲率区域的实体或曲面；

d. "连续性" ▢：显示边界线连续性的质量；

e. "等值线" ▦：显示定义曲面的等值线；

f. "环境写像" ▨：在曲面上显示连续性的斑马线。

（2）视点选项

视点选项主要包括：

① "视点" ▢：显示标准视图模型的视图，列出所有标准视图，即前视图、后视图、左视图、右视图、俯视图、仰视图、等轴侧视图；

② "逆时针方向旋转视图" ▢：逆时针旋转模型视图90°；

③ "顺时针方向旋转视图" ▢：顺时针旋转模型视图90°；

④ "翻转视点" ▯：翻转当前视图方向180°；

⑤ "法向" ▢：视图垂直于选择的曲面。

（3）选择工具

选择工具主要包括：

① "直线" ╲：画直线选择屏幕上的要素；

② "矩形" ▢：画矩形选择屏幕上的要素；

③ "圆" ⊙：画圆选择屏幕上的要素；

④ "多边形" ▢：画多边形选择屏幕上的要素；

⑤ "套索" ◌：手动画曲线选择屏幕上的要素；

⑥ "自定义领域" ▢：选择用户选取部分的单元面；

⑦ "画笔" ▢：手动画轨迹选择屏幕上的要素；

⑧ "涂刷" ▢：选择所有连接的单元面；

⑨ "延伸到相似" ▢：通过相似曲率选择连接的单元面区域；

⑩ "仅可见" ◉：选择当前视图对象的可见性。

7.2.2 鼠标操作及快捷键

在 Geomagic DesignX 中需要使用三键鼠标，这样有利于提高工作效率。

（1）鼠标控制

通过功能键和鼠标的特定组合可快速选择对象和进行视窗调节，表 7-1 所列为鼠标控制组合键。

表 7-1 鼠标控制组合键

图示	鼠标键	功能
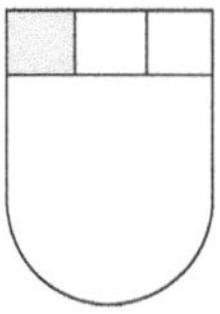	鼠标左键	选择按钮： 工具条中更改标签； 激活命令； 选择和激活实体； 单个或框选；
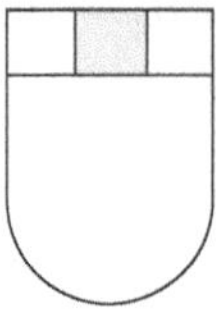	鼠标中键	滚轮：参考屏幕中心放大或者缩小，鼠标滚动鼠标中键向上增加放大倍数，鼠标滚动向下减小放大倍数； 按键：激活第二级鼠标按钮，可用于旋转零件
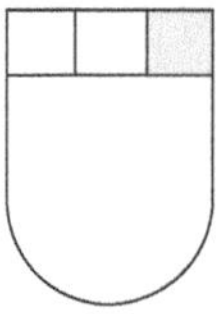	鼠标中键	旋转按钮：在屏幕上旋转零件视图； 上下文菜单：根据旋转实体选择常用命令接受和退出命令
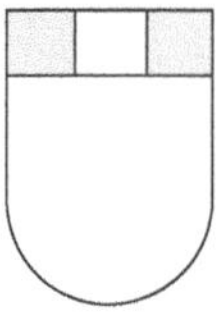	鼠标左键和右键	平移：在屏幕上横向移动

（2）快捷键

表 7-2 中列出的是默认快捷键。通过快捷键可迅速地获得某个命令，不需要在菜单栏里或工具栏里选择命令，节省操作时间。

表 7-2 快捷键

命令	快捷键
菜单	
新建	Ctrl+N

续表

命令	快捷键
打开	Ctrl+O
保存	Ctrl+S
选择所有	Ctrl+A，Shift+A
反转	Shift+I
撤销	Ctrl+Z
恢复	Ctrl+Y
命令重复	Ctrl+Space
视图	
实施缩放	Ctrl+F
面片	Ctrl+1
领域	Ctrl+2
点云	Ctrl+3
曲面体	Ctrl+4
实体	Ctrl+5
草图	Ctrl+6
3D 草图	Ctrl+7
参照点	Ctrl+8
参照线	Ctrl+9
参照平面	Ctrl+0
法向	Ctrl+Shift+A

7.2.3 面板

面板包含了特征树面板、显示面板、帮助面板与视点面板，如图 7-3 所示。Geomagic Design X 重要的设置包含在这些面板里。面板可以被固定、隐藏、完全关闭或放置在屏幕任何位置。

图 7-3 面板

提示：

　　如果关闭了面板，但又希望其可见，可右击底部的工具栏，从列表中选择相应的功能面板使其出现。

（1）特征树

在快速工具栏中单击"打开"图标 ，从文件对话框选择文件并打开，如图 7-4 所示。

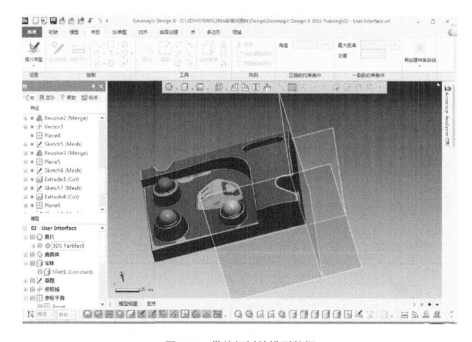

图7-4　带特征树的模型数据

　　特征树追踪建模过程的历史参数，创建实体的每一个步骤按时间顺序被追踪，并可以编辑。在特征树中找到 Extrude1 并右击，可以获得右击菜单，如图 7-5 所示。

　　Geomagic Design X 具有基于模型的历史参数功能，可以对建模步骤进行编辑。建模历史点能被访问，功能特征树里的步骤可以被重新排列。

　　单击 Mesh Fit 1，并持续按住鼠标左键，将其拖动到 Extrude1 上，如图 7-6 所示。

　　模型特征树列出了所存在的实体，控制零件的可见性（图 7-7）。单击参考平面的"展开"按钮 ，查看模型里的所有平面。单击 旁边的眼睛图标 ，关闭所有平面的可见性。分别单击前、上、右的眼睛图标 👁，单个的隐藏平面被打开，如图 7-8 所示。

图 7-5 特征树面板

图 7-6 功能特征树

图 7-7 模型特征树

图 7-8 打开单个隐藏平面

（2）"显示"面板

显示面板默认在特征树的旁边，包含扫描数据和物体的显示选项，还包含额外的视图和模型视图的显示数据。

① 单击特征树旁边的"显示"标签。通过勾选/移除"世界坐标系&比

例""背景栅格""渐变背景""标签"选项,切换模型视图的可见性,如图7-9所示。

② "一般":可对当前显示状态的相关参数进行修改,如图7-10所示。

图7-9 "显示"面板　　　　　图7-10 "一般"对话框

③ "面片/点云":通过不同的方式查看扫描数据,如图7-11所示。

④ "领域":查看所有领域类型,如图7-12所示。

图7-11 "面片/点云"对话框　　　图7-12 "领域"对话框

⑤ "体":查看曲面或实体,允许控制物体分辨率,如图7-13所示;

⑥ "草图&3D草图":通过具体的可见性选项选择草图组件,如图7-14所示。

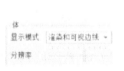 

图7-13 "体"对话框　　　图7-14 "草图&3D草图"对话框

(3)"帮助"面板

"帮助"面板包含了一系列内容,可查找每一个主题命令的附加信息,Index标签可供搜索。每一个帮助的内容包括说明这是什么工具、使用的好处以及怎么使用。所有工具的详细选项如图 7-15 所示。

图 7-15　"帮助"面板

（4）"视点"面板

"视点"面板可创建和编辑捕捉模型当下视图的状态。

① 创建模型视点旋转，缩放，打开/关闭模型的可见性，获得一个如图 7-16 所示的视图。

a. 单击增加"视点"按钮 🔲，定义当前视点为视点 1。

b. 旋转和缩放模型到不同的方向。

c. 选择"应用视角"按钮返回视点 1 状态。

图 7-16　"视点"面板

② 单击"重新定义视图"命令 🔲 改变这个视点。

7.2.4 精度分析和属性

通过探测不同的偏差显示检查模型的准确性；同时，可以在属性面板显示查看其他信息。

（1）精度分析

精度分析用来实时查看零件设计的准确性，以彩色图谱显示 CAD 对比扫描数据偏差。在这里可以设置不同的方式来显示表面的质量和连续性，也可以分析面片之间的偏差。在面板上可以设置计算选项。一旦应用"偏差"，便会出现一个控制公差值的颜色条。

① 体和面片之间的偏差，选择体"偏差"旁边的按钮 ▢。

② 调整零件的公差范围，双击"0.1 处"，改变数值。改变上公差会自动改变下公差，将该值更改为 0.15，如图 7-17 所示。

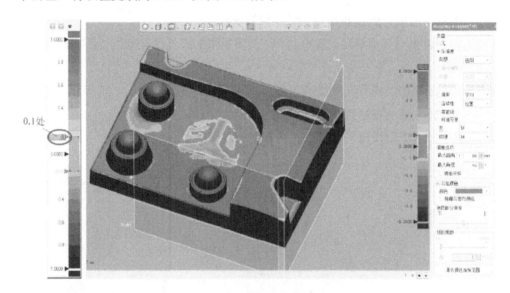

图 7-17　精度分析

③ 单击"精度分析"按钮 ▢，关闭精度分析。

（2）"属性"面板

"属性"面板显示任何选定对象的信息，也可以改变一些属性，如图 7-18 所示。外观显示选项可以开启或关闭，也可计算出模型数据的体积、面积、重心等信息。

① 计算网格的体积。

在特征树或模型树中选择 3DS Partifact 面片，在属性面板单击体积旁边的"计算"按钮计组。

提示:

如果面片没有封闭, Geomagic Design X 将计算假设封闭形状的体积。

② 改变面片的颜色。

a. 在绘图窗口上方的工具栏, 单击"渲染" 🔲命令, 改变面片为渲染显示模式。

b. 在模型树中, 关闭"实体"旁边的眼睛 👁 , 屏幕显示如图 7-19 所示。

c. 单击选择蓝色条码旁边的材料属性 ▶ 材质 ⬜ , 弹出材质对话框, 如图 7-20 所示。

d. 通过选择其中一个颜色的圆圈, 改变面片的颜色, 单击 OK 接受, 加载后模型颜色更改为所选颜色。

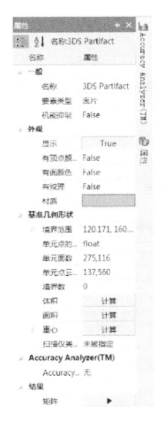

图 7-18　"属性"对话框

图 7-19　关闭 👁 的屏幕显示

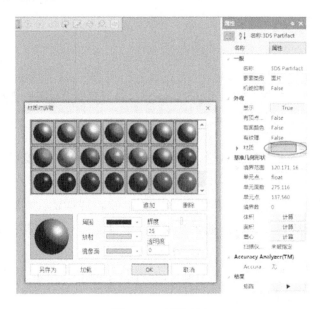

图 7-20　更换颜色

7.2.5　底部工具栏

底部工具栏包含隐藏与显示选项、过滤器和测量工具，如图 7-21 与表 7-3 所示。

隐藏与显示　　　　　　　　　　　过滤器　　　　　　测量工具

图 7-21　底部工具栏

表 7-3　底部工具栏命令

命令	图标	命令	图标
可见性：打开和关闭对象的可见性		过滤器：激活选择过滤器，用户只能选择允许对象类型	
面片（Ctrl+1）		面片/点云	
领域（Ctrl+2）		领域	
点云（Ctrl+3）		单元面	
曲面体（Ctrl+4）		单元点云	
实体（Ctrl+5）		面片境界	
草图（Ctrl+6）		实体	
3D 草图（Ctrl+7）		面	

续表

命令	图标	命令	图标
参照点（Ctrl+8）		环形	
参照线（Ctrl+9）		边线	
参照平面（Ctrl+0）		顶点	
参照多段线		参照几何	
参照坐标系		草图	
测量		约束条件	
		清除所有过滤器	

测量工具栏用于测量已显示的模型视图上任何对象之间的尺寸，主要包括：

① "测量距离" ：测量两要素间的直线距离；

② "测量角度" ：测量两要素间的角度尺寸；

③ "测量半径" ：测量圆形的半径或选择要素上 3 个点来测量半径；

④ "测量断面" ：暂时在一个或多个要素之间创建断面，以采用 2D 形式测量距离；

⑤ "面片偏差" ：测量面片或点云间的偏差。

提示：

"世界坐标" 显示全局坐标系的方向以及模型的比例尺。

7.2.6　常用对话框控制命令图标

Geomagic Deign X 对话框会出现一些常用的控制，本节对其进行描述。

① OK ：接受对话框中复选标记的任何更改并退出对话框，检查一个阶段，也表示应用。

② Cancel ：放弃对话框中的任何更改并退出对话框。

③ "锁定对话框" ：选项被选中时，用户单击"OK"后该命令仍能够再次使用。

④ "预览" ：允许用户看到命令运行后有什么变化。

⑤ "下一阶段" ：进入当前命令的下一阶段操作。

⑥ "前一阶段" ：返回上一个阶段进行更改。

⑦ "终止" ⊘：中断前一个命令的执行。

⑧ "估算" ☒：通过参考周围面片的曲率变化，对相关参数进行估算，如圆角等。

⑨ "选择要素" ▭▭▭▭：黄色的矩形框提示用户选择相应的要素类型，如扫描数据、参考几何、CAD 曲面，且多种选择可以在一个命令完成。如果在矩形框左边有一个垂直的红色条纹，则表明一个要素已经被选择。

⑩ "重置" ✳：删除所有选择的要素。

⑪ "解除最后要素的选择" ◤：删除最后一个选定的要素。

⑫ "上卷组" ▸洋细设置：单击组标题向下箭头时收起，单击任何一个卷起组标题将扩大和显示额外的对话框。

7.2.7 环境菜单

（1）用户界面的环境菜单

用户界面的环境菜单用于快速添加和重新排序任何命令。右击工具栏的空白处出现环境菜单选项，如图 7-22 所示。

图 7-22 修改环境菜单

（2）模型视图环境菜单

右击任何对象或空白模型视图将激活一个操作菜单，不同的选择产生不同的要素菜单，如图 7-23 所示。

其主要功能包括：

① 立即进入草图模式；

② 快速启动一个精灵命令；

③ 通过常见的草图工具切换；

④ 轻松地应用和取消命令。

（3）树环境菜单

右击任何要素、特征或在特征树中打开一个关于要素的环境菜单，通常这是编辑或更改可见性状态最简单的方法，如图 7-24 与图 7-25 所示。

图 7-23　右击激活快捷菜单

图 7-24　右击特征树　　　　　图 7-25　右击模型树

7.3　Geomagic Design X 多边形阶段处理技术

7.3.1　Geomagic Design X 多边形阶段简介

多边形阶段处理数据对象为面片，面片是点云用多边形（一般是三角形）相互连接形成的网格，其实质是数据点与其邻近点的拓扑连接关系以三角形网格的形式反映出来。点云数据面片化在逆向建模中是非常重要的一步，然而面片化的结果通常会出现很多的问题。由于点云数据的缺失、噪声、拓扑关系混乱、顶点数据误差等原因，转换后的面片会出现非流形、交叉、多余、反转的三角形以及孔洞等错误。这些错误严重影响面片数据的后续处理，如曲面重构、快速原型制作、有限元分析等。

因此，多边形阶段的工作是修复面片数据上错误网格，并通过平滑、锐化等编辑边界的方式来优化面片数据。经过这一系列的处理，从而得到一个理想的面片，为多边形高级阶段的处理以及曲面的拟合做好准备。

7.3.2 Geomagic Design X 多边形阶段处理工具

多边形阶段的任务是修复和优化面片，为后续处理做好准备，包含"向导""合并/结合""修复孔/突起""优化""编辑""导航"6 个操作组，如图 7-26所示。

图 7-26 多边形阶段操作工具界面

（1）"向导"操作组

"向导"操作组提供了 3 个快速处理面片的工具，可以用来创建面片、修复错误和优化面片。

① "面片创建精灵"：利用原始的扫描数据创建面片模型。在点阶段此命令将点云数据转换为面片数据；在多边形阶段此命令用来重新转换面片并完成补洞，得到封闭的面片。

② "修补精灵"：用来检索面片模型上的缺陷，如重叠单元面、悬挂的单元面、非流形单元面、交差单元面等，并自动修复各种缺陷。

③ "智能刷"：手动选择要优化的面片区域，使用平滑、消减、加强等面片优化方式来改善面片模型。

（2）"合并结合"操作组

"合并结合"操作组提供的工具用于处理包含两个以上面片的模型，只有当存在两个以上面片时才有效。

① "合并"：合并两个以上的面片，并创建单一面片。在合并过程中将会删除重叠区域，并将相邻的边界缝合到一起。此命令有 3 种合并方式，即曲面合并、体积合并、构造面片。

② "结合"：将两个以上的面片在不进行重构的情况下合并为单一个面片，即将多块面片叠加在一起。在操作时可选择删除重叠区域，若选择删除重叠区域，结合面片时将删除原始面片中重叠部分；由于不进行重构，将导致删除重叠区域

后，会在结合后的面片上产生孔洞。

（3）"修复孔/突起"操作组

"修复孔/突起"操作组用于修复面片上的缺陷如孔洞、突起，所包含的工具如下：

① "填孔" 填孔：填补面片的孔洞。根据面片的特征形状选择合适的填补方式手动填补缺失的孔洞。此工具有6种编辑命令，即"追加桥""填补凹陷""删除凸起""删除岛""境界平滑"和"删除单元面"。

② "删除特征" 删除特征：用来删除面片上的特征形状或不规则的突起，重建单元面。操作时先选择要删除的区域，然后对已删除的区域运行填补操作。图7-27所示为删除特征工具对话框。

图 7-27　"删除特征"对话框

③ "移除标记" 移除标记：贴有标记点的对象，扫描的点云数据在标记点位置会有数据缺失，转换得到的面片会形成孔洞。此命令通过查找指定半径内的孔洞，将其填补。

（4）"优化"操作组

"优化"操作组用来处理修复缺陷后的面片，优化面片网格，包含的优化工具如下：

① "加强形状" ：用于锐化面片上的尖锐区域（棱角），同时平滑平面或圆柱面区域，从而提高面片的质量。

② "整体再面片化" ：使用统一的单元边线长度重建整体单元面，可以减小面片的粗糙度、修复缺陷（数据缺失等），从而提高面片品质。由于软件不能识别孔洞是否为数据缺失造成，会将原有设计的孔也填补上，因此要正确使用此工具。

③ "面片的优化" ：根据面片的特征形状，设置单元边线的长度和平滑度来优化面片。此工具有 3 种优化方式，即"优质面片转换""改善曲率流"及"单元顶点平衡的均一化"。

④ "重新包覆" ：对于数据缺失严重和包含复杂孔洞的面片，根据面片的几何特征形状填补面片上的缺失区域，创建无缝面片。在使用此工具时，要考虑有无不需填充的孔。

⑤ "消减" ：在保证几何特征形状的同时，通过合并单元顶点的方式减少面片或选定区域的单元面数量。

（5）"编辑"操作组

"编辑"操作组用来编辑面片，包含的工具如下：

① "分割" ：将一个面片分割成多个部分，选择需要保留的部分。可使用多种要素（如参照面、曲线、曲面）来分割面片。

② "剪切" ：用来剪切面片的单元面，保留剪切内部或外部的区域。可以使用曲线或自定义路径来分割单元面。

③ "修正法线方向" ：可以调整面片单元面的法线方向，调整由 IGES 或 STEP 格式文件导入的 CAD 面片的单元面法线方向。

④ "编辑境界" ：用来编辑面片的边界，降低边界的粗糙度，改善面片形状。操作时可使用的编辑方式有"平滑""缩小""拟合""延长""拉伸"及"填补"。

⑤ "缝合境界" ：修复面片单元面之间的小缝隙。当单元面之间距离小于设定值时缝合在一起。

⑥ "变换为面片" ：将选定的实体或曲面转换为面片。

⑦ "偏移" ：按一定的方向，在距离原始面片设定的距离处创建新的面片。操作时偏移的方式有两种："曲面"的偏移对象为面片中单元面；"体积"的偏移对象为面片中单元顶点，然后根据单元顶点创建新的面片。

⑧ "赋厚" ：对面赋予固定厚度的方式来改变面片的体积。

⑨ "添加纹理" ：面片数据能很好地反映扫描对象的形状，通过"添加纹理"工具，将扫描对象的二维图像（照片）与面片匹配，使面片能达到逼真的视觉效果。

（6）"导航"操作组

"导航"操作组提供了快速选择工具，其包含的工具有：

"选择" << 选择 >> ：对于复杂的面片，其中的孔洞不容易直接观察到，此命令可以自动地选择孔。

7.4　Geomagic Design X 精确曲面技术

7.4.1　Geomagic Design X 精确曲面阶段介绍

精确曲面是一组四边曲面片的集合体，按不同的曲面区域来分布，并拟合成 NURBS 曲面，以表达多边形模型（可以是开放的或封闭的多边形模型）。相邻四边曲面片边界线和边界角（使用指定的除外）需是相切连续。

精确曲面阶段包含自动创建曲面和手动创建曲面两种操作方式。手动创建曲面操作流程主要分为四个步骤：

① 提取轮廓曲线。在网格上自动提取并检测高曲率区域的三维轮廓曲线。这些曲线可以进一步编辑和调整，用来创建更好的四边形曲面片补丁布局。

② 构建补丁网格。自动构建补丁布局内的补丁网格。

③ 移动面片组。调整补丁面片在 3D 补丁网格内的布局，使它们更加连续和光顺。

④ 拟合曲面。在曲面模型创建过程中，软件提供了手动和半自动编辑工具来修改曲面片的结构和边界位置。为了改善曲面片的布局结构，用曲面片移动来创建更加规则的曲面片布局，可通过重新绘制曲面片边界线、合并边界线顶点或移动曲面片组、改曲面片边界线位置等方式来实现，以保证有效的曲面片布局。

面片上的高曲率变化决定轮廓线的位置，轮廓线将面片划分成不同的区域，并能够用一组光滑的曲面片呈现出来。

创建 NURBS 曲面过程的关键一步是将面片模型分解成为一组四边曲面片网格。四边曲面片网格是构建 NURBS 曲面的框架，每个曲面片由四条曲面片边界线围成。模型的所有特征均可由四边曲面片表示出来，如果一个重要的特征没有被曲面片很好地定义，可通过增加曲面片数量的方法加以解决。

经过精确曲面阶段处理所得 NURBS 曲面能以多种格式的文件输出，也可输入到其他 CAD/CAM 或可视化系统中。每个补丁网格内的 3D 路径创建 NURBS 曲面，这样规划完成后，一个精准的曲面就被创建出来。

7.4.2 精确曲面阶段的主要操作命令

精确曲面阶段包含"自动曲面创建""创建/编辑曲面片网格"和"拟合曲面补丁"3 个操作组，如图 7-28 所示。

图 7-28 "精确曲面"菜单栏

（1）"自动曲面创建"操作组

"自动曲面创建"组包含"自动曲面创建" ，"自动曲面创建"是以最少的用户交互，自动生成 NURBS 曲面。

（2）"创建/编辑曲面片网格"操纵组

"创建/编辑曲面片网格"包含的操作工具有：

① "补丁网格" ：进入曲面片网格模式。

② "提取轮廓曲线" ：自动提取面片上的特征曲线，生成特征曲线的位置会以红色分隔符的形式预显出来。

③ "构造曲面片网格" ：在面片上自动构建面片网格，创建网格可以遵循轮廓线的约束，其结果是可编辑的面板组，曲面片网格是 NURBS 曲面的前提。

④ "移动曲面片组" ：重新编辑曲面片组，为合理特征流配置曲面片网格。

⑤ "样条曲线" ：创建由插入点定义的样条曲线，可直接在面片模型上绘制特征曲线，用于构造曲面片组的边界线。

⑥ "剪切" ：移除草图不需要的部分，例如自由线段或与其他草图几何形状相交的线段。此功能在手动创建面片时主要用于对特征曲线或面片网格曲线的移除，包括选择曲线与剪切曲线两种选择模式，如图 7-29 所示。

⑦ "分割" ：通过单击点、交叉来分割曲线，包括选择点、与线的交叉点、与面的交叉点三种选择方式，如图 7-30 所示。

⑧ "平滑" ：通过滑动栏来控制和调整曲线的平滑度，包括整体与局部两种选择模式，如图 7-31 所示。

图 7-29 "剪切"对话框　　图 7-30 "分割"对话框　　图 7-31 "平滑"对话框

（3）"拟合曲面"操纵组

"拟合曲面"操纵组包含"拟合曲面补丁"  操作，"拟合曲面补丁"是将曲面片拟合到已经构建的曲面网格上。

7.4.3　应用实例

精确曲面阶段可通过自动创建曲面或手动创建曲面获得精确的 NURBS 曲面。手动创建曲面需要相对较多的人机交互操作，能建立合理的特征分布曲面网格，拟合出更高精度的 NURBS 曲面，适用于相对简单、规则的曲面模型曲面。自动创建曲面可方便地构建出模型曲面，适用于快速构建复杂、非规则的模型曲面。

本节用手动创建曲面与自动创建曲面两种方法建立同一精确曲面模型，演示两种获取精确 NURBS 曲面模型的操作流程及注意事项，最后比较两种建模方法的精度。

7.4.3.1　手动曲面化建模

（1）应用目标

将面片通过手动化曲面创建的方法，提取面片的初始轮廓曲线，对轮廓曲线手动进行绘制、剪切、分割、平滑等操作建立轮廓线。再以创建的轮廓线为基础构建曲面片网格，再移动曲面片组，为合理的特征流创建出规则的、合适形状的、有效的曲面片，最后拟合曲面补丁，最终得到 NURBS 曲面模型。

（2）应用步骤

① 导入实例 A 面片模型；

② 依据面片模型形状提取封闭的轮廓曲线；

③ 用"绘制""剪切""分割""平滑"等操作编辑轮廓曲线使其更符合实际特征的表达；

④ 依据建立好的轮廓线构造曲面片网格；

⑤ 移动曲面片组，使网格分布得更规则合理；

⑥ 在建立后的曲面片网格的基础上进行曲面拟合，获取精确 NURBS 曲面模型。

实例操作演示：

（1）导入"精确曲面模型"的面片模型

单击"导入" 🗂，找到"精确曲面模型"的文件，单击"仅导入" 仅导入，导入精确曲面模型面片数据，视图界面如图 7-32 所示。

图 7-32　实例 A 面片数据

（2）生成封闭轮廓曲线

单击"补丁网格" 🔧，进入手动编辑曲面片网格模式。单击"提取轮廓线" 🗄，对模型的轮廓曲线进行提取。设置曲率敏感度为 85，分隔符敏感度为 60，如图 7-33 所示。

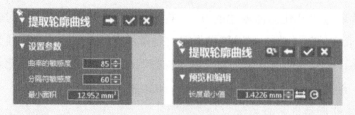

图 7-33　"提取轮廓曲线"对话框

"提取轮廓曲线"对话框选项说明如下：

① 分隔符，是指根据模型表面的曲率变化而生成的用于划分各个彩色区域的红色分隔区域。通过抽取该红色区域的中心线得到轮廓线。在设置参数中可通过

设置曲率敏感度、分隔符敏感度和最小面积三个选项控制分隔符，从而对面片进行区域划分。

②　"曲率敏感度"：选择范围是 0.0~100，低值划分的区域数量较少，高值可划分更多的区域，操作者可自行设置参数值，观察区域变化。

③　"分隔符敏感度"：选择范围是 0.0~100，设置的数值越大，敏感程度越高，分隔符所覆盖的范围也就越大。

④　"最小面积"：划分模型表面的最小面积单位。所设置的数值越小，划分的单位就越小，得到的分隔符就越准确，计算的时间也越长。根据模型的大小进行相关设置。

⑤　"长度最小值"：指抽取的轮廓线的最小长度。

单击"下一步"　预览与编辑所生成的分隔符与轮廓线。在没有确定之前，可以使用各种选择模式，如直线、画笔等增加分隔符，按住 Ctrl 键选择分隔符区域可移除选定区域分隔符，最后单击完成　"自动"提取轮廓曲线，如图7-34 所示。

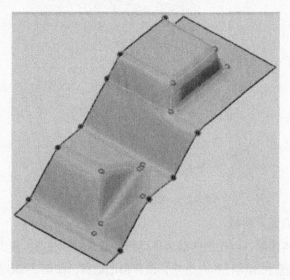

图7-34　轮廓线抽取结果

（3）编辑轮廓曲线

自动提取的轮廓曲线是通过提取分隔符的中心线得到的。多次进行轮廓曲线提取时会发现，即使每次的分隔符绘制方法、参数设置一样，提取的轮廓线形状、位置都会有所不同，这是因为每次操作中不能保证分隔符区域大小、位置完全一样。

生成的轮廓线中往往会存在如下问题：

① 平面区域两端点间轮廓线弯曲；

② 相邻轮廓线端点不重合；

③ 缺少轮廓线；

④ 生成的轮廓线与模型边界位置不重合，即轮廓线位置不准确。

用"样条曲线""剪切""分割"与"平滑"等操作对自动提取的轮廓曲线进行编辑。对于问题①和④我们可以采用"平滑"使曲线更平滑，或先使用"剪切"移除该段曲线，再使用"样条曲线"对轮廓曲线进行重新绘制；对于问题③直接采用"样条曲线"绘制新的轮廓曲线；对于问题②直接左键选定不重合点，再拖动到同一目标点位置即可合并相邻轮廓曲线的不重合端点。经过编辑后的轮廓曲线如图 7-35 所示。

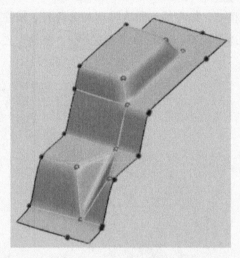

图 7-35　编辑后的轮廓曲线

（4）构造曲面片网格

轮廓曲线构建后，以轮廓曲线为基础再构造曲面片网格，单击"构造曲面网格"，进入"构造曲面网格"对话框，选择自动估算，如图 7-36 所示。

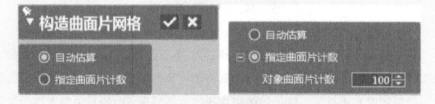

图 7-36　"构造曲面片网格"对话框

"构造曲面片网格"对话框中操作说明如下:

① "自动估算":根据轮廓曲线细分长度或曲面片计数来构造曲面网格。

② "指定曲面片计数":通过设置曲面片数量来构建曲面片网格。该参数根据操作人员对曲面的了解及设计经验来进行设置,不建议初学者使用该功能。

单击"完成" ☑后出现对话框询问"是否运用角点分割曲线",单击"是",生成曲面网格如图7-37所示。

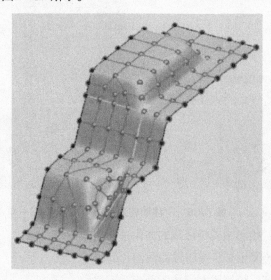

图7-37 网格曲线提取结果

(5)移动曲面片组

曲面网格构建后其形状是不规则的,为得到更加规则的曲面片网格,提高曲面的拟合精度,需要对曲面网格进行编辑。理想曲面网格的结构如下:

① 规则的形状,每个曲面片可近似为矩形;

② 合适的形状,在一个曲面片内部没有特别明显的或多出的曲率变化部分;

③ 有效的,模型包含了与前两个要求一致的最少量的曲面片。

构造精确曲面阶段的目的在于获得规则的、合适形状的曲面片,通过相切、连续的曲面片有效地表达模型形状。单击"移动曲面片组",弹出"移动曲面片组"对话框,如图7-38所示。

对"移动曲面片组"对话框中的操作说明如下:

① "实行"选项是用来选择操作的方法。

a. "定义":通过定义四边形的四个顶点来定义一组四边形面片网格。

b. "添加/删除2个路径":用于添加或删除围成曲面片网格的路径,确定曲面片相对边所包含的路径相同，保证曲面片网格被均匀地划分。

c. "分割"：用于分割网格曲线。

② "类型"选项是用于设置所操纵的曲面片网格区域的类型。

a. "自动检测"：自动地检测所要操作的曲面片网格。

图7-38 "移动曲面片组"对话框

b. "栅格"：检测由栅格组成的曲面片网格。

c. "带"：检测由带状线组成的曲面片网格。

d. "圆形的"：检测由圆组成的曲面片网格。

e. "椭圆"：检测由椭圆组成的曲面网格。

f. "垫圈"：检测由套环组成的曲面网格。

③ "详细设置"选项。

a. "自动分布"：自动分布当前区域内的曲面网格。

b. "检查路径交叉"：检查曲面网格之间是否存在有重叠或者不相交的网格曲线。

先选择一组曲面网格，此时网格线会处于高亮状态，加粗硬点显示软件默认的四边形顶点位置，如图 7-39 所示。单击曲线交点可以重新定义四边形顶点，如图 7-40 所示。

再选择"添加/删除 2 个路径"，为使四边形对边网格数量相等。单击 4 对面的线条，两个对边网格数量相等，再单击"执行" ✔，曲面网格组被重新划分，如图 7-41 所示。依次对曲面片网格进行上述操作，重新定义曲面网格位置，最终的网格如图 7-42 所示。

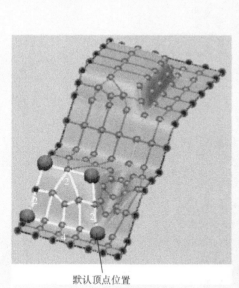

默认顶点位置

图7-39 默认四边形顶点图

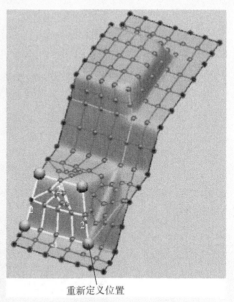

重新定义位置

图7-40 重新定义四边形顶点

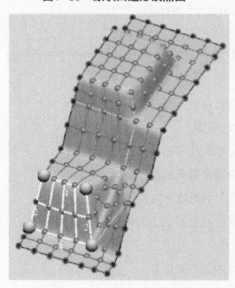

图7-41 重新划定义的网格组

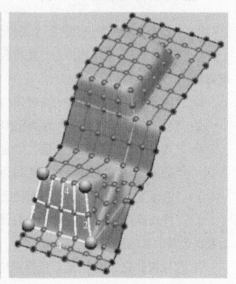

图7-42 最终曲面网格

（6）拟合曲面补丁

曲面网格配置后，选择"退出"圈，再对其进行"拟合曲面补丁"操作，进入"拟合曲面片"对话框，如图7-43所示。

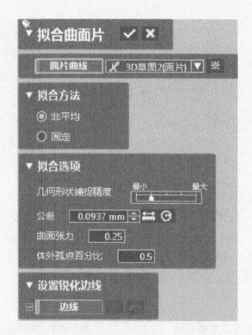

图7-43 "拟合曲面片"对话框

① "拟合方法"可设置进行曲面拟合的方法。

a. "非平均"：采用该拟合方法将自适应地设置每个曲面片内所使用的控制点数量。

b. "固定"：采用该拟合方法使用控制点为常数的曲面进行拟合。

② "拟合选项"可对拟合的参数进行设置。

a. "几何形状捕捉精度"：面片拟合时对几何形状捕捉的精度。

b. "公差"：指定拟合后曲面相对曲面片偏离的最大距离。

c. "曲面张力"：用于调整曲面精度和平滑度之间的平衡。

d. "体外孤点百分比"：在拟合曲面公差允许的范围内，指定基本网格内可以超出公差的点的百分比。

③ "设置锐化边线"：选择所要锐化的边界曲线。

"边线"：显示已选择所需锐化的边界曲线。

选择"确定"，完成曲面片的拟合，如图7-44所示。选择"偏差分析"，曲面拟合后的偏差图如图7-45所示。

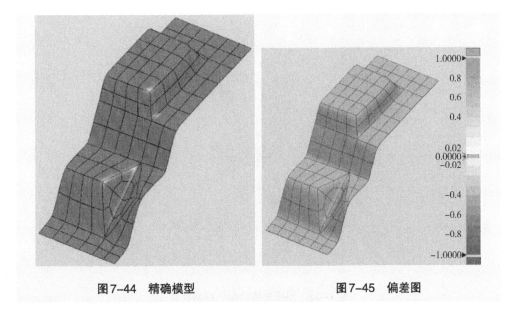

图7-44　精确模型　　　　　　　　　　图7-45　偏差图

7.4.3.2　自动曲面建模

（1）应用目标

自动曲面化建模，通过自动创建曲线和曲面面片即可对三角化曲面建模，也可以通过添加、删除曲线或重塑曲线，直观地编辑自动曲面化结果，一键获得NURBS曲面模型。

（2）应用步骤

① 导入"精确曲面模型"面片模型；

② 执行自动曲面化操作，将多边形模型转化为NURBS曲面；

③ 对精确曲面模型进行偏差分析。

实例操作演示：

（1）导入"精确曲面模型"的面片模型

单击"导入"，找到"精确曲面模型"文件，单击"仅导入"，导入"精确曲面模型"面片数据，视图界面如图7-46所示。

（2）进行自动曲面化操作

选择"自动曲面创建"命令，弹出对话框如图7-47所示。

"自动曲面创建"对话框中的操作说明如下：

① "面片"选项操作说明。

图7-46　精确曲面模型后视图界面

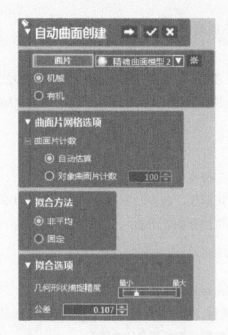

图7-47　"自动曲面创建"对话框

　　a. "机械"：选中该操作选项进行自动曲面化，该操作适用于较规则模型的自动曲面化。

　　b. "有机"：选中该操作选项进行自动曲面化，该操作适用于非规则模型的自动曲面化。

② "曲面片网格选项"对话框中操作说明：

a. "自动估算"：根据轮廓曲线细分长度或曲面片计数来构造曲面网格。

b. "对象曲面片计数"：通过设置曲面片数量来构建曲面片网格。该参数根据操作人员对曲面的了解及设计经验来进行设置，不建议初学者使用该功能。

③ "拟合方法"可设置进行曲面拟合的方法。

a. "非平均"：采用该拟合方法将自适应地设置每个曲面片内所使用的控制点数量。

b. "固定"：采用该拟合方法使用控制点为常数的曲面进行拟合。

④ "拟合选项"可对拟合的参数进行设置。

a. "几何形状捕捉精度"：设置拟合曲面对面片几何精度捕捉的强度。

b. "公差"：指定拟合后的曲面与面片模型偏离的最大距离。

设置参数为"机械""自动估算""非均匀"，拟合选项为默认值，单击"下一步"，再单击"完成"。自动曲面化精确曲面重建完成，如图7-48所示。

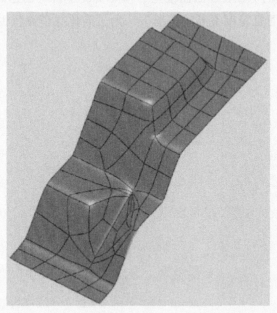

图7-48　自动创建精确曲面模型

（3）偏差分析

选择"偏差分析"，曲面拟合后的偏差图如图7-49所示。

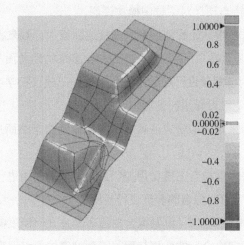

图7-49　偏差分析图

比较手动创建曲面模型与自动创建曲面模型的偏差分析图（见图 7-45 与图 7-49），手动创建的 NURBS 曲面模型的精度要高于自动创建的 NURBS 曲面模型。形态复杂曲面且精度不高的情况下，为了简化建模流程也可选择自动化曲面建模。

8

非接触式扫描综合应用

逆向建模（Reverse Modeling），是基于非接触式测量技术将现实中存在的人、物品、建筑等进行扫描或拍照，将所获取的数据进行运算，从而逆向生成模型的一种建模方式。逆向建模是逆向工程技术中的一种，它是一门被称作"反求工程"的新兴技术，主要是利用数字测量设备搭配计算机软件应用，快速准确地捕捉到实物原型的空间数据和光线色彩信息，然后将这些数据生成点云信息传输到软件中。软件经过优化点云、曲面构建、修改编辑和快速成型技术生成模型的数据进行拼合。逆向建模技术根据获取数据的方式可以分为点云逆向建模、照片逆向建模、3D扫描逆向建模等技术。

8.1 非接触式扫描技术在艺术与设计方面的应用

3D数字化赋能艺术行业所催生的新动能、新业态、新趋势，正展现出勃勃生机。随着科技的发展，馆藏文物艺术作品的三维数字化对于提高文物的保护、修复、研究、展示、传播等具有十分重要的意义。下面为3D数字化技术助推法国19世纪古老艺术馆——瓦朗谢纳美术博物馆数字化转型的案例。

（1）传统博物馆寻求数字化转型之法

自1782年以来，法国瓦朗谢纳美术博物馆收藏各类历史悠久的艺术藏品数万件（图8-1）。在藏品中，来自该市21位罗马第一大奖得主的主要作品让这座城市赢得了"北方雅典娜"的称号。

图 8-1 博物馆的旧址

2019 年，瓦朗谢纳美术博物馆在庆祝其重新开放 110 周年之后，开始对展馆进行翻修，并在翻修之际，计划加强博物馆数字化建设：不仅在展陈形式、文物保护、存档等方面迭代更新，更要在运营方式及观展体验上优化升级，推出多样化数字文化产品，打破时空限制、丰富观众体验等。

（2）3D 数字化让文化遗产生机永续

3D 数据是博物馆数字化转型路上的重要基石。由于文物的真实和不可再生等特性，在采集的过程中需尽量减少挪动、触摸。为此，瓦朗谢纳美术博物馆与 Machines-3D 团队合作，使用手持 3D 扫描仪对博物馆内的馆藏雕像和绘画，以无接触、无损害、全方位完全数字化的方式准确、有效地记录了艺术作品真实的彩色 3D 模型数据（图 8-2~图 8-4）。

图 8-2 工艺品扫描过程

图 8-3　不同模型扫描实例

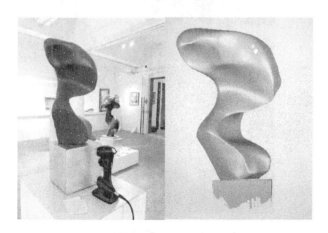

图 8-4　扫描结果与实物对比

　　三维数据的用途不仅限于记录和保护，同时也给予博物馆更多应用上的可能性。例如，让盲人也能欣赏艺术之美。全世界的博物馆都流行着一条至高无上的规则：只准远观，不准触摸。然而这对于成百上千万只能用触觉来感受世界的盲人来说无异于是一种残酷的规则。为此，利用 3D 打印技术，为视障人士扫描并复制了博物馆艺术品类中 3D 打印副本，让盲人能用指尖触摸和欣赏它们，不再被隔绝于艺术杰作与本国文化史之外（图 8-5）。

图 8-5　人物雕像案例

（3）自然科学的升级！走向 3D 数字化未来

　　意大利 Insugherata 自然保护区，由从事科学传播工作的博物学家组成。主要开发与生物多样性相关的项目，专注于学校、自然教育、培训等领域。为了适应时代的发展，Insugherata 进入 3D 扫描打印领域，使用多功能手持 3D 扫描仪，以采取更高效的数字化手段实现其愿景（图 8-6~图 8-10）。

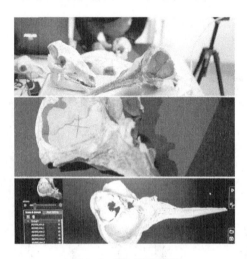

图 8-6　3D 扫描过程

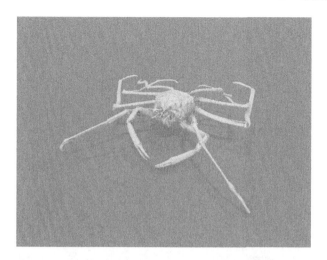

图 8-7　3D 模型标本库中的高精度数据

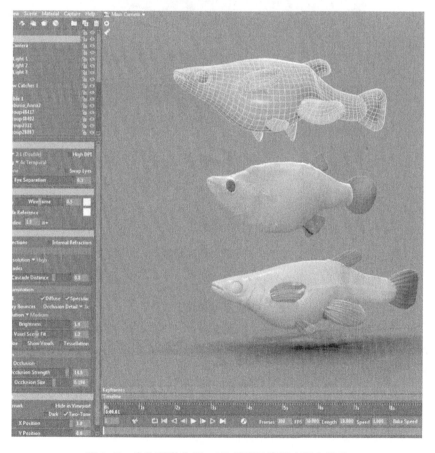

图 8-8　生物科学分析、3D 模型的高精度数字重建

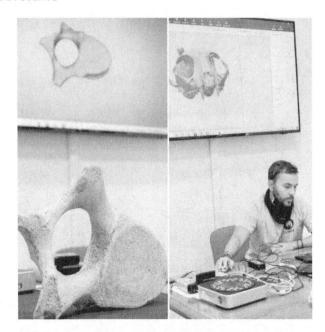

图 8-9　使用扫描得到的数字模型进行编辑教学

图 8-10　实验室教学活动

使用功能手持 3D 扫描仪进行数字化，实现突破有限资源的限制、保护标本、开拓技术方向。

8.2　非接触式扫描技术在医疗卫生方面的应用

医疗行业中，矫形器制作以及其他定制的医疗产品，利用传统的方式，都需要经过复杂的过程。现在利用 3D 扫描技术，可以快速准确地完成人体或人体不同部位的扫描，并且能够贴合每位患者的身体构造，同时兼顾速度及准确度，使得个性化定制的医疗产品更好地服务于患者。

医疗辅具传统制作方式的弊端：每位康复患者身体情况存在差异性，并且传统的医疗康复辅具制作方法存在弊端。例如，石膏纱布缠绕患者身体取模，获取模型的准确度较低，受医师技术水平的影响较大；制作工序烦琐复杂，周期长，成本费用高；材质笨重，佩戴舒适度低，美观性较差等。

康复辅助器具是改善、补偿、替代人体功能和实施辅助性治疗以及预防残疾的产品。近年来，随着 3D 数字化技术的成熟发展及医疗辅具市场的精准化、定制化需求的增长，3D 数字化技术在矫形器、假肢等康复辅具上得到了广泛应用，不仅可以在减轻质量的同时提高康复辅具的准确性及美观度，满足患者定制化的需求，还能大大降低康复辅具的制作成本。

为研究下肢截肢者使用的假肢接受腔，利用 3D 扫描仪对其皮肤软组织进行三维重建，以定制个性化假肢接受腔。本研究志愿者采用坐式，残肢处于放松状态，残肢表面贴定位标点如图 8-11 所示；然后配置好扫描仪参数，对残肢表面进行多次扫描，每次扫描的局部三维图像数据会自动拼接，直到获得小腿残肢完整的三维数据，如图 8-12 所示。

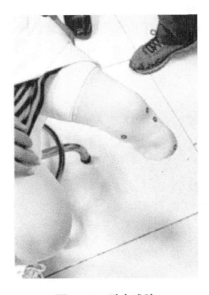

图 8-11　贴点残肢

基于扫描得到的残肢表面模型存在着毛刺、曲率过高等问题，可能导致有限元仿真出现异常。将模型数据导入到 Geomagic studio 软件中，经过消除钉状物、划分曲面片、构造格栅、曲面拟合等步骤，生成软组织 NURBS 曲面。

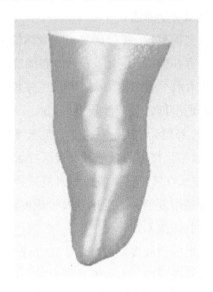

图 8-12　扫描的残肢表面模型

小腿残肢接收腔一般采用坐骨包容式接收腔，患者需要佩戴衬套与接收腔进行接触. 实现残肢三维重建。

听觉矫正专家利用 3D 数字化技术为听障患者提供定制助听器即日耳模的服务，帮助患者在等待实验室制作成品耳模期间，也能获得听力，为患者提供便利（图 8-13，图 8-14）。

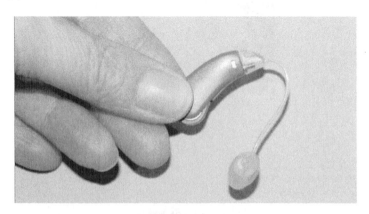

图 8-13　耳模

耳模是助听系统的一部分，因每个人的耳道、耳廓等结构形态各不相同，耳模一般都需要定制，它的质量和设计直接影响助听器的使用。

图 8-14　定制耳模

通常情况下，为了给病人制作耳模，要先取病人的耳朵印模，然后邮寄到耳模工厂经过一系列的烦琐步骤才能完成耳模的制作（图 8-15），最后再寄回诊所让患者进行试戴，整个过程需要一两个星期。一直以来，因受制于传统技术限制，助听器耳模定制耗时久，而在等待的期间因没有合适的助听器，给听损患者生活带来极大的不便。

为此，采用 3D 数字化技术，为听障患者定制即日耳模，帮助患者在等待期间也能拥有良好的听觉和沟通能力。即日耳模是一种可以在患者提出需求后，当天就可为其制作的模具，又称临时耳模。在定制临时耳模的过程中，需要先取用耳朵的印模（图 8-16）。

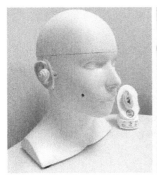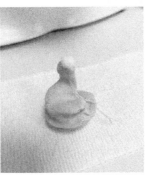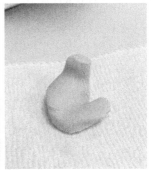

图 8-15　取模

利用 3D 扫描仪，在几分钟内就可快速获取印模高精度 3D 数据，并将数据导入设计软件中对耳模进行微调及设计添加一个管孔。

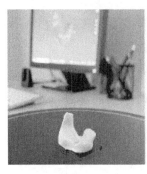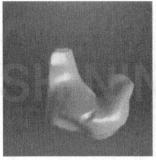

图 8-16　印模扫描及模型设计

设计完成后，使用 3D 打印机和具有 Shore 70A 评级的橡胶状纤维材料，打印制作了一个柔软的临时耳模（图 8-17）。

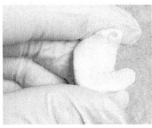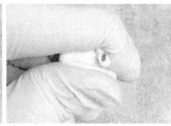

图 8-17　3D 打印制作实物

将耳模管固定在临时耳模管孔内，再组装到助听器上，就可以为患者进行安装来验证临时耳模的适配性（图 8-18）。

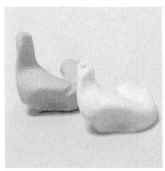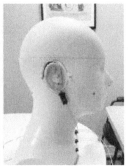

图 8-18　安装验证适配性

使用数字化技术定制即日耳模的优势：使用 3D 数字化技术将患者耳模保存为数据文件后，无须重复取模，医生可根据患者佩戴的适配度灵活调整耳模数据，同时模型适配度也将更加精确；开源式的制作方式，只需具备 3D 扫描仪、相关设计软件和打印设备及材料，任何人都可以使用这种方法进行临时耳模制作；数字化定制方式生产制作高效，且成本低，是低资源地区补充医疗用品的一个很好选择。

随着助听器技术的不断发展，越来越多的听力障碍人士享受到了聆听声音带来的愉悦。3D 数字化技术的应用，不仅可以帮助患者打造助听器临时耳模，让患者持续拥有良好的听力，还能帮助实验室或工厂在制作成品耳模时，以数字化的方式高效进行后续制作步骤，大幅缩短制作时间。

8.3   非接触式扫描技术在科研教育方面的应用

不管是中小学还是高校，越来越多的学校开始将 3D 技术引入到教学中。中小学将 3D 扫引入课堂中，发散思维，提升学生的创造力；中高院校引入 3D 技术，并将其作为一项新的需要掌握的技能传授给学生。作为 3D 技术重要的一个部分，3D 扫描技术为学生的创造力提供了无限可能性。

随着 3D 数字化技术的普及，其逐渐成为高校、实验室和研究机构的"重要工具"，通过三维扫描仪等 3D 数字化技术，进行一些教学用具制作、教学三维数据库的搭建以及科研设备改装的工作，使教学创新、提升科研效率以及降低教研成本的目标得以实现。

临床医学——教学工具快速、低成本制作。相较于传统的医疗教学实践，三维扫描+3D 打印这一模式，可以快速复制多个器官模型，帮助学生们近距离观察器官的解剖学关系（图 8-19）。依托这些模型，学生们也可以进行脊椎穿刺练习，或者在超声波引导下进行透析，增加了临床手术练习机会。

图 8-19   扫描器官模型

　　兽医教学——打印动物骨骼，降低成本。兽医专业的学生可以直接在三维扫描和 3D 打印出的动物骨骼的模型上（图 8-20），进行骨折包扎、断肢修复等创伤学练习。与昂贵的教学模型和涉及伦理的活体实验相比，3D 数字化技术不仅大大降低了临床试验的成本，同时也保障了动物权利。

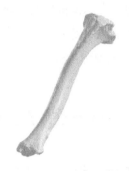

图 8-20　动物骨骼 3D 模型

　　与此同时，学校的科研人员们也正在建立一个 AR 交互式生物三维模型库。他们扫描生物标本（图 8-21），保留骨骼和器官的细节，供学生搜索、浏览、下载，以在标本资源有限和疫情影响的情况下，帮助成功实现研究和教学工作。

图 8-21　生物标本

　　数字化实验室通过三维扫描，一方面，为研究生教学提供了优质教具，实现了教学质量进一步的提升；另一方面，通过 3D 数据的快速获取，成功建立了 3D 标本数据库，实现了开源与共享。

　　展望未来，使用三维扫描仪进行 3D 扫描、将标本数字化，最终创建可供下载的完整三维数据的模型，用于 3D 打印、数据存档、资源共享等，助力学术界高效便捷地开展科学研究。

8.4   非接触式扫描技术在机械制造方面的应用

8.4.1   冲压模具全生命周期管理

新产品设计开发、复杂几何结构测量、生产设备流程自动化往往需要花上数天甚至数周。如今 3D 扫描技术使这些问题迎刃而解，利用 3D 扫描设备，可以迅速获取几乎任何一件工业品——小到机械部件，大到涡轮，高质量高精度的数据可以导入到 CAD 和 CAM 程序中，通过测量调整以改善产品设计及性能，或融入新的生产体系。

近年来，随着汽车工业、电子信息、家电、建材及机械等行业高速发展，工业产品的结构设计越来越复杂，模具外形轮廓日趋多样，自由曲面占比不断增加，对模具加工的精度要求也越来越高，这使得模具的检测变得困难起来。

目前，覆盖件模具在汽车制造领域中的运用相当普遍，传统的覆盖件模具制造方法主要存在以下缺陷：

① 保丽龙模型只监控尺寸关键点，缺乏全面性，容易忽略局部缺陷，容易导致后续铸件的误差甚至报废。

② 铸件只做外观检测，不监控尺寸，容易出现机加工过程中撞刀，或尺寸超差，模具整体报废。

③ 机加工完成后，钳工打磨时比较盲目，不能保证精度，增加试模次数，反复装模修模效率低下，严重影响模具交付时间。

④ 试模成功后，模具实际成型表面数据没有保留，没有形成经验积累，对后续模具设计及修复无帮助。模具使用过程中，要模具失效后才进行修模，覆盖件模具一般为单件产品，修模即意味着停产，给企业带来经济损失。修模时间长，没有参照模型，要反复试模。传统模具制造环节在试模成功后即结束，传统模具设计都以产品样件作为设计的唯一依据，而实际试模成功后的模具型面与以样件为依据设计的模具型面总会产生差别，模具制造过程中，总要进行大量的反复试模、修模的过程来调整模具的型面，增加了模具的制造时间。

解决上述技术问题的技术方案是一种模具全生命周期加工精度控制方法，该方法是一种对模具全生命周期的加工精度进行控制的方法，模具全生命周期包括产品实物样件测量、模具制造过程、模具使用过程及模具修复过程，具体步骤如下：

① 设计模具三维模型。

采用测量装置对用户提供的产品实物样件进行测量，获取产品实物样件数据，通过计算机将产品实物样件数据导入点云数据处理软件系统转换成产品实物样件的虚拟三维表面,得到数模,依据数模建立产品实物样件的三维模型或者用户直接提供产品实物样件的三维 CAD 模型,使用产品实物样件的三维模型设计出加工产品的模具三维 CAD 模型。

② 制作保丽龙模型。

在模具三维模型的基础上增加加工余量并放收缩率设计模具铸件三维模型,参照其制作保丽龙模型。

③ 获取保丽龙模型曲面数据。

采用测量装置对保丽龙模型进行测量,得到保丽龙模型曲面数据。

④ 与模具铸件三维 CAD 模型做比对判断尺寸是否超差。

通过计算机将保丽龙模型曲面数据导入点云数据处理软件系统,生成数模,将该数模说明书页与模具铸件三维模型做比对,如果尺寸超差,则将保丽龙模型修复后再流转到铸造,如果尺寸在误差范围内,则进行铸造。

⑤ 获取铸件曲面数据。

采用测量装置对经铸造所得的铸件进行测量,得到铸件曲面数据。

⑥ 与模具三维模型做比对判断尺寸是否超差。

通过计算机将铸件曲面数据导入点云数据处理软件系统,生成数模,将该数模与模具三维模型做比对,如果尺寸超差,需要修复或报废;如果尺寸在误差范围内,则进行机械加工。

⑦ 获取机械加工曲面数据。

采用测量装置对完成机械加工的模具进行测量,得到机械加工曲面数据。

⑧ 与模具三维模型做比对确定钳工的加工位置及加工用量。

通过计算机将机械加工曲面数据导入点云数据处理软件系统,生成型面数模,将得到的型面数模与模具三维模型做比对,确定钳工的加工位置及加工用量。

⑨ 获取模具曲面数据。

钳工完成后对模具进行反复的试模、修模直到产品合格,采用测量装置对试模成功的模具进行测量,得到模具曲面数据。

⑩ 与模具三维模型做比对为模具设计人员提供设计经验。

通过计算机将模具曲面数据导入点云数据处理软件系统,生成模具曲面数模,将模具曲面数模与模具三维模型做比对,为模具设计人员提供设计经验。

⑪ 获取实际使用曲面数据。

模具交付使用后定期使用测量装置对模具进行测量，获取实际使用曲面数据。
⑫ 与模具曲面数模做比对确定修模时间。

通过计算机将实际使用曲面数据导入点云数据处理软件系统，生成模具型面
数模，将得到的模具型面数模与试模成功后的模具曲面数模做比对，根据模具表面
磨损情况，确定修模时间，在硬化层磨穿之前进行修模。

8.4.2   汽车钣金件冲压回弹检测及分析

以装载机驱动桥壳为研究对象，根据设计图纸建立半桥壳的三维设计模型，并
运用逆向工程方式（也称反求手段）获得实物模型，然后将上述两个模型导入软件
中进行质量检测，获得相应的质量比对结果，进而根据质量比对结果完成三维设计
模型的修正。三维设计模型的建立在对驱动桥壳进行质量检测时，若以整桥为扫描
对象工作量过大，加之支座、桥包、法兰盘等区域不是后续模型修正的重点，所以
本书首先以半桥壳为扫描对象，建立半桥壳的三维设计模型，待与实物模型质量比
对及模型修正后，再添加支座、桥包、法兰盘等。在 Pro/E 软件中，根据设计图纸
建立半桥壳的三维设计模型，半桥壳中所有的圆角等细小特征项均按图纸要求画
出，并在比对软件中对相应特征加以标记，建立的半桥壳的三维设计模型如图 8-22
所示。

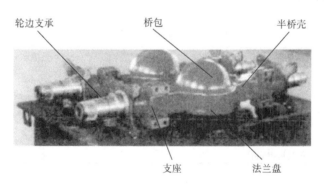

图 8-22   半桥壳的三维设计模型图

为获得半桥壳实物模型，采用反求手段对半桥壳的实物进行点云数据的采集，
然后运用 Geomagic studio 软件对采集的点云数据进行处理，即可获得用于质量比
对的实物模型。

图 8-23　Romerl nfinte 2.0 关节臂

（1）点云数据的采集

对于基于反求手段的实物模型的获得，点云数据的采集是一个重要步骤，其基本思想为将实物离散为多个点，然后获得这些点的几何位置关系。试验设备选用如图 8-23 所示的 Romerl nfinte 2.0 关节臂，并配以 Perceptron Scanworks V3 激光测头进行扫描。由于扫描实物获取点云数据的目的是完成质量检测，所以对点云质量的要求较高。在测量前对半桥壳表面进行清洁，并在测量过程中将半桥壳置于一个对光投射较为敏感的位置，以防止过多杂点的出现。调整激光测头的设置参数，其具体设置参数如表 8-1 所示。

表 8-1　激光测头设置参数

参数	数值
采样速度（/ 点/s）	23040
扫描频率/Hz	30
描频/μm	75
线宽/μm	73
特征辨析率/μm	60

参数调整完毕后，即可开始对点云数据进行采集。数据采集遵循的一般原则为：曲率变化较大的面需加大采集的密度，曲率较为平缓的部位可以采集稀疏些。因此在实际测量过程中对平面采取粗略扫描的方法，对半桥壳圆角处采取统一折转半径多次测量的方法，这样不仅可以降低工作量而且可以降低由于数据采集造成的误差。半桥壳是一个对称的结构件，所以在扫描过程中只需要扫描 1/2 即可，然后按中间圆的对称线裁边后进行镜像操作。但执行这一操作会造成最后出现一

条较为明显的分界线，因此需要采用无缝隙修补技术对有缝区域进行统一降噪处理，使接缝上的点与原实体上位置相同的点重合。

（2）点云数据的处理

测得所有数据后，手动删除由于误扫描或者因操作不当出现的非半桥壳数据，以.xyz 的文件格式保存。然后将此数据导入 Geomagic studio 软件中，得到如图 8-24 所示的点云数据结果。

图 8-24　半桥壳点云数据生成的曲面图

为提高点云数据的处理效率，对同一位置的多点实行手动注册或全局注册点云命令，合并点云对象。

数据处理完毕后的半桥壳点云数据是以点坐标的形式存在的，各点之间尚未建立一定的特征关系，因此为了获得半桥壳的实物模型，对点云特征的法线进行手动修复，并在修复特征法线的基础上对点云数据建立中心对称面等特征。待全部处理完毕后，对点云数据进行封装，以三角形网格的形式拟合模型表面。

根据曲率采样的结果计算分析实物模型空洞部分的曲率，并根据曲率手动实施填充孔的操作，使实物模型完整。对于平面上的孔、自相交、尖状物等缺陷运用网格医生进行识别，并加以修补。最后，将所有的三角形网格连接起来，计算各部分曲率并制作成流形后，以.stl 文件格式保存，其具体操作步骤如图 8-25 所示，按上述步骤处理后的半桥壳实物模型如图 8-26 所示。

（3）模型的拟合

为了获得半桥壳三维设计模型和实物模型之间的偏差位置及偏差量，运用 Geomagic Qualify 软件进行质量比对。质量比对之初将反求的实物模型与三维设计模型一起导入软件，并运用点线面方式对其进行预拟合，然后运用最佳拟合方法对其进行精细级配对。

因为半桥壳是具有明显特征的结构件，所以使用"基准/特征对齐"方式对模型进行坐标对齐。半桥壳的圆和两侧的平面这两个特征比较具有代表性，而且这两处与其他零件有装配关系，因此在这两处创建基准和特征用于对齐，最后对二者实

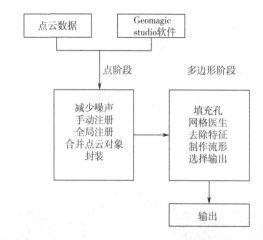

图 8-25　点云数据处理流程图

图 8-26　处理后的半桥壳实物模型

行最佳拟合操作。

在后处理之前为了判断实物模型的板厚是否为设计值 16mm,通过预估命令对单一实物模型的厚度进行全局坐标系下的自预估如图 8-27 所示,通过软件预估可以发现,冲压成型后半桥壳的板厚除少数内平面外,外平面及内外弯角基本都不为16mm。由此也可以看出,由于制造加工原因,实物模型与根据图纸建立的三维设计模型之间存在差别,且部分位置的偏差量较大。

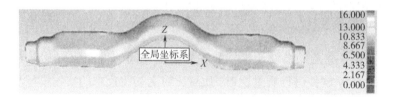

图 8-27　局坐标系下的自预估

单纯的板厚预估分析对后续模型的修正是不够的,只有对板厚每个部分的具体厚度进行测量才对三维设计模型修正有意义。

为达到上述目的,对两个比对模型进行求解,得到偏差量分布图后对平面及弯角处的偏差量进行注释。由于冲压半桥壳弯角处的减薄率较大，同时又因为半桥壳的两侧弯角是对称的，所以只需标注一侧弯角和少量其他部位即可。在求解过程中尽量将云图色谱高位值的设置偏向于材料的原始设计板厚。注释后的偏差量分布图如图 8-28 所示，提取点的具体偏差值如表 8-2 所示。

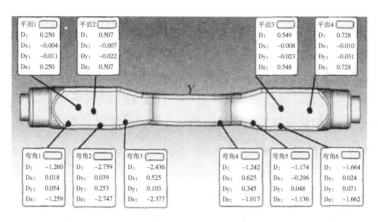

图 8-28　模型偏差比较

为方便后续三维设计模型的修正，在实物模型中需要提取尺寸参数的位置构建平面，并以该面为基准对这个位置进行投影，从而找出每个点位的偏差量，二维切面后的偏差如图 8-29 所示。

表 8-2　提取点偏差数据汇总

位置	X向偏差/mm	Y向偏差/mm	Z向偏差/mm	厚度偏差/mm
平面 1	0.004	0.011	0.250	0.250
平面 2	0.007	0.022	0.507	0.507
平面 3	0.008	0.023	0.548	0.549
平面 4	0.010	0.031	0.728	0.728
弯角 1	0.018	0.054	1.259	1.260
弯角 2	0.039	0.253	2.747	2.759
弯角 3	0.525	0.103	2.377	2.436
弯角 4	0.625	0.345	1.017	1.242
弯角 5	0.296	0.048	1.136	1.174
弯角 6	0.024	0.071	1.662	1.664

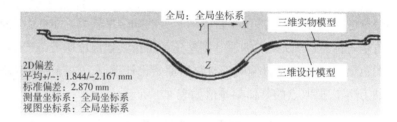

图 8-29　模型二维偏差比较示意图

生成二维切面后，投影到切面上的数据就都被离散成了点，通过量取半桥壳设计模型与实物模型上对应点的距离即可判别两者的二维偏差。然后在二维切面后的偏差图中，通过测量获取平面和弯角的多个减薄量的具体数值，从而为求解对应位置减薄量的平均值提供大量数据。

在上述研究基础上，对多个半桥壳重复进行三维和二维偏差比较即可完成实物质量检测过程，并根据质检结果统计出多组半桥壳平面、弯角等位置减薄量的平均值。然后，根据各位置减薄量的平均值计算出相应位置应有的厚度值，并根据这一计算结果对 Pro/E 中半桥壳原始三维设计模型的初始尺寸进行修改，最后在半桥壳模型中添加法兰盘、支座、桥包等部分，即可获得如图 8-30 所示的用于有限元分析的分析模型。

图 8-30　Pro/E 中半桥壳原始三维设计模型

8.4.3　焊接结构件变形检测

金属及合金由于易加工、易成型、连接方便等特点广泛应用于船舶工业、航空航天飞行器、汽车工业及大型结构制造领域。因自身厚度等原因在焊接过程中极易变形，一方面使结构强度和力学性能降低，另一方面影响结构件的尺寸精度和表面平整度。焊接过程中由于时间尺度和空间尺度上的不均匀加热与冷却，焊接残余应力和变形的存在不可避免，如大尺寸薄板由于刚度较小在焊后存在不可忽视的残余变形，会对其尺寸精度、装配精度和使用性能造成显著影响。对结构的焊接变形及应力应变进行研究，对于改善焊接工艺以减少焊接应力和焊后变形，提高结构的承载能力等具有重要的理论意义和工程价值。

目前，国内外学者对焊接变形的研究多采用数值模拟方法，可以较低的成本来研究焊接过程中瞬时应力、应变的演变过程，同时还可以考察焊接工艺条件对接头残余应力和变形的影响，掌握焊接变形规律，制定科学的焊接工艺。但多数情况下，由于焊接工艺的复杂性，焊接过程中材料力学性能随温度呈高度非线性变化，导致收敛困难；高温区的存在使得控制数值模拟的精度和稳定性存在一定困难，难以准确地预测薄板在焊接过程中的变形分布规律。因此，对焊接过程中的变形分布进行实际测量，可以检验数值模拟的可信性。所得数据还可为焊接变形的控制、焊接工艺设计的选择和预留变形量的确定等提供可靠依据。但是，由于焊接现场存在高温、环境恶劣、强电磁干扰、变形影响因素多等原因，传统变形测量手段如应变片、位移传感器等的测量结果存在较大误差，无法同时测量多点的三维变形，更无法得到焊接表面整个变形场的动态变化过程。近年来有学者开始尝试用视觉方法测量焊接变形，何洪文等提出了用激光扫描测量焊接变形的方法，该方法能获得某固定状态下的焊接变形场域信息，但不能得到焊接前后的历史变形过程。

焊接变形的传统测量方法主要如下。

（1）静态测距法

静态测距法是通过测量固定点之间距离的变化来获取关键点的变形数据，原理如图 8-31 所示，在每个测量点处各打一个标点，在焊接前后测量标距值，其数值的相应变化即为这个阶段焊接引起的焊件变形。这种方法的精度受限于测量点的大小和测量标距时产生的误差。

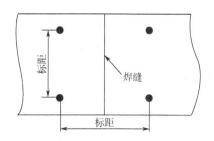

图 8-31　测量点分布

（2）光干涉法

图 8-32 和图 8-33 是光干涉法的原理图。从光源 S 发出的光线经过透镜 L 成为平行光入射到平面反射镜 M 上，光线经过 M 垂直射到平面镜表面 A，在平面镜 A 和块规 B 构成的空气劈尖上下表面所引起的反射光线将形成相干光，并产生干涉

条纹。因此焊件变形前后，在一定的距离范围 N 内，干涉条纹的数量也相应改变。通过干涉条纹数量的变化可以获取变形数据。干涉法虽然测量精度极高，但是所能测的变形量极小，难以满足实际应用中大变形时的测量需求。

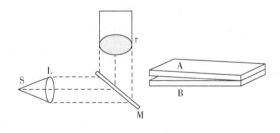

图 8-32　光干涉原理图

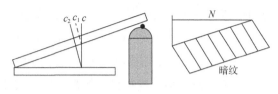

图 8-33　劈尖干涉原理

（3）应变计法

应变计法是先在焊件上制定测量基线和测量点，然后将应变计的机械底脚固定于测量点，在焊接时测量焊件升温时产生的应变，读出应变计的数值即得焊接变形量，见图 8-34。由于在焊接的同时进行变形测量，要考虑焊件的温度上升，所以对应变计底脚必须加以冷却方可使用。当然对于那些变化缓慢的焊件，可以通过不停地重复卸下、装上应变计进行读数。在测量变形的同时测量测点的温度，这样就可以借助数值计算的方法，得出焊接构件的最终变形量。

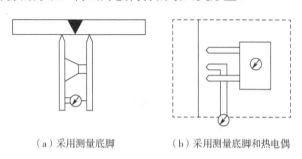

（a）采用测量底脚　　　　　　　　（b）采用测量底脚和热电偶

图 8-34　应变计法测量应变

（4）位移传感器+热电耦法

位移传器器法测量装置如图 8-35 所示，A 点为待测位移点，B 点为热电耦埋点，C、D、E 点为螺栓压紧点，焊件用螺栓压紧。为了同时测量 A 点的横向与纵向位移，在 A 点垂直于钢板处点焊螺丝，用专用卡具将一小方块固定于螺丝上，使其角度符合要求。安装位移传感器时，将基准点选择在工作台上，定义坐标方向后，进行坐标转换，即可得该点横向和纵向位移变化曲线。

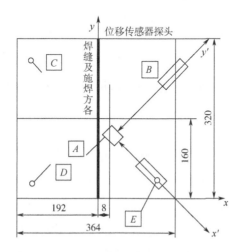

图 8-35　位移传感器测量装置

通过传感器测量得到 A 点的 x、y 向位移，经坐标变换可得到焊接时 A 点横向（x'方向）和纵向（y'方向）的位移及该点在焊接过程中的运动轨迹，同时通过热电耦测出 A 点的温度变化曲线，最终通过数值计算得到焊接变形。

位移传感器 + 热电耦方法能够实时地测出焊件的动态变形过程，但需借助于数值计算才能得到最终的焊接变形，其测量误差较大，精度较低。

（5）数值模拟方法

由于焊接工艺是涉及电弧物理、传热、力学等的复杂过程，简单数学模型无法与实际相一致，即便是普通的焊接结构也无法用试验获得完整的焊接应力、变形大小及位置数据，因此计算机数值模拟就起到了无法替代的作用。目前常用的焊接变形数值模拟方法有固有应变法和热弹塑性有限元法。

固有应变法通过对焊缝施加固有应变，进行一次弹性有限元计算，就可得到整个结构的焊接变形。然而固有应变法毕竟是一种近似的预测方法，不同条件下焊缝的固有应变很难准确获得，并且该方法无法考虑支撑条件、焊接顺序等因素的影响，使其在实际工程中的应用受到限制。

三维热弹塑性有限元方法可以模拟整个焊接过程中的动态应力和变形，不仅可以得到结构的焊接变形，而且可以分析焊接残余应力，同时还可以较为准确地考虑各种工艺参数的影响。由于焊接热弹塑性计算过程是个典型的非线性过程，矩阵方程奇异性大，收敛困难，需要经过多次迭代才能达到必要的收敛精度。同时，采用热弹塑性有限元需要跟踪整个焊接及冷却过程，使得三维热弹塑性有限元分析计算量非常庞大，长期以来该方法仅适用于一般焊接接头的力学行为分析，很少用于大型结构的焊接变形预测。

虽然应用于焊接变形评估的传统测量及预测方法很多，但是并没有一种方法可以取得令人满意的效果，仍需研究更为适用的焊接变形测量方法。近年来非接触光学测量方法在工程实践中越来越受到关注。光学方法具有在现场测量、不干扰测量对象、测点多、三维精度高、响应速度快、量程弹性大、测量结果丰富等优点，非常适用于对焊接工艺中复杂三维变形过程的测量和评估。

常见的三维光学测量方法如下。

（1）三维激光扫描法

何洪文等提出了一种应用非接触式三维激光扫描仪测量试样焊接变形的新方法。如图 8-36 所示，在板材上钻孔并放置钢珠用于精确定位，焊接前后应用手持式激光扫描仪对板材和钢珠进行扫描，输出相应的点云文件。应用逆向工程软件 Imageware 对构件焊接前后的点云文件进行分析和处理，最终得到钢珠球心在焊板上的垂直距离点的三维坐标。在得到焊接前后各测点的三维坐标值以后，将焊接前后的测量点的坐标进行差运算，得到各个测量点的位移，即可计算板材的角变形及其弯曲变形。

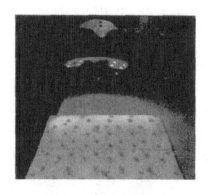

图 8-36　激光扫描现场

结果表明，该方法解决了由于高温带来的测量点定位困难的问题，可精确计算焊接变形过程中的角变形、弯曲变形等。但由于手持式激光扫描仪只能扫描静止物体，所以该方法只能获取焊接开始前（变形前）和焊接完成并冷却后（变形后）的静态特征，无法对焊接中的动态变形过程进行测量。

（2）三维视频测量法

采用 CCD 相机作为图像传感器，连续拍摄焊件表面的连续变形图像序列，实时进行图像处理和三维重建，对待测变形点群进行目标跟踪和变形量计算，从而得到焊接工艺中任一时刻的变形场域信息和整体变形动态过程。为简化图像处理难度，提高测量速度和自动化程度，采用具有明显人工特征的圆形点作为标志点，标志点作为待测工件表面上的变形参考点，测量前先行粘贴于待测薄板表面。粘贴好人工标志点的待焊薄板如图 8-37 所示。

图 8-37　标志点布置

该方法采用两部工业级 CCD 相机作为图像传感器，同步拍摄焊接过程中固定在焊接薄板非焊面上面的人工标志点，并实时将图像对序列传送给计算机进行图像处理。视频序列图像采集平台见图 8-38。为了保证焊接现场的光照条件，在每个相机的近光轴位置分别加装 LED 灯。焊接实验中，设定相机以固定时间间隔采集薄板表面标志点图像，测量软件采用近景摄影测量方法实时计算出被测各点的三维坐标，与初始状态下的三维坐标作差运算，便得到某一时刻被测标志点的三维位移。

通过跟踪粘贴在薄板表面的标志点，重建标志点在不同状态下的三维坐标，计算薄板表面相应部位在焊接过程中不同时刻的位移，众多标志点的位移向量构成了薄板的位移场，从而获得薄板结构在焊接工艺中的整体变形过程和瞬时变形场

图 8-38　视频测量系统构成

域信息。实验选择用位移计测量焊接变形严重的边缘点的单向位移，同视频测量结果中的同方向位移做比较，得出视频测量系统的测量精度优于位移计。视频测量结果数据既可用于验证数值仿真结果的可信性，还可通过回溯变形场的历史变化过程，分析产生变形的原因，改进焊接工艺参数、控制焊接过程，从而改善焊接产品的质量。

（3）数字散斑相关法

胡浩结合数字图像相关理论和双目立体视觉技术，提出并实现了一种用于薄板焊接过程全场变形测量的方法：3D-DIC。数字图像相关方法（Digitalimagecorrelation，DIC）通过跟踪和匹配变形前后所采集图像的灰度信息，来测量物体在各种载荷作用下表面整体瞬时位移场和应变场。该方法具有非接触、高精度、光路简单、受环境影响小、自动化程度高等优点，逐渐成为实验力学领域一种非常重要的光测手段。

其基本原理如图 8-39 所示，其中一幅作为参考图像，另外一幅作为待匹配图像，在参考图像中，取以待匹配点 (x, y) 为中心的 $(2M+1) \times (2M+1)$ 大小的矩形子图像，在待匹配图像中，通过一定的搜索方法，并按照某一相关函数进行相关计算，寻找与选定的子图像相关系数最大的以 (x', y') 为中心的子图像，则点 (x', y') 即为点 (x, y) 在待匹配图像中的对应点。

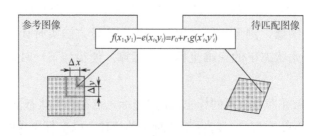

图 8-39　图像相关法原理图

　　实验装置如图 8-40 所示。利用虎钳将被测板件一端固定，焊接开始时同时开启图中两台 CCD 相机采集板件在整个焊接变形过程中的图像。两台相机被固定在同一水平面，夹角约 30°，构成双目视觉测量头；采集图像前尽量使两相机中心线相交于测量区域中部，以构成大小约为 360mm×270mm 的公共视场（图 8-41）。焊接从开始到完成再到冷却共采集 600 个焊接过程中的瞬时位移，但仍不能获得焊接件表面整体的变形场。数字散斑方法可以更全面、更直观地测量焊件在整个焊接过程中的三维位移场和应变场。但目前的研究成果还存在如下缺陷：种子点的手动选择对测量结果影响较大，散斑制作的大小和对比度直接影响测量结果，变形速度和变形方向也会影响散斑匹配率，测量的局限性较多；另外，数字相关运算量大，测量效率较低，不能实现实时或准实时测量。这些不足也为本领域学者的进一步研究指明了开发的测量软件依次完成图像匹配、三维重建和变形计算等关键算法。匹配完成后，对于任意一个变形状态的左右两幅子图像中心点，利用三角测量原理即可重建其对应的三维空间坐标。重复上述过程，可以获得若干点的空间坐标，这些空间点经曲面拟合就构成物体表面的三维形貌，进一步计算即可得到被测物表面的三维位移场。该方法的应变测量精度优于 0.5%，与引伸计基本相当，不仅可以测量焊接变形最终状态的位移、应变量，而且能够直观、准确地测量薄板在整个焊接过程中的表面形貌、三维位移场和应变场。

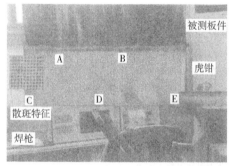

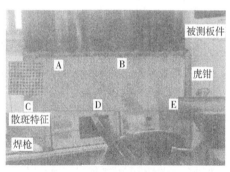

图 8-40　焊接变形 3D-DIC 法测量实验现场　　　　图 8-41　图像采集装置

参考文献

[1]罗胜彬，宋春华，韦兴平，等. 非接触测量技术发展研究综述[J]. 机床与液压，2013，41（23）：150-153.

[2]朱红，侯高雁. 3D 测量技术[M]. 武汉：华中科技大学出版社，2017.

[3]（瑞士）普拉莫德·拉斯托吉（Pramod Rastogi）. 数字光学测量技术和应用[M]. 李胜勇，吴俊，艾小川，等译. 北京：国防工业出版社，2018.

[4]徐静编. 逆向建模与三维测量[M]. 北京：化学工业出版社，2019.

[5]高钰，詹高伟，韦庆玥，等. 关于几何非接触式测量精度的研究[J]. 机械工程师，2017（04）：133-136.

[6]周雪兆，石光林，吕少文. 基于逆向工程技术构建假肢-接受腔有限元模型[J]. 广西科技大学学报，2019，30（04）：59-63.

[7]夏名祥，石光林，陈晨，等. 逆向工程与激光制造技术在工艺品上的应用研究[J]. 广西科技大学学报，2016，27（03）：45-49.

[8]周伦彬. 逆向非接触测量技术浅析[J]. 中国测试技术，2005，31（05）：25-27.

[9]许智钦，孙长库. 3D 逆向工程技术[M]. 北京：中国计量出版社，2002.

[10]石光林，陈晨，徐武彬，等. 模具全生命周期加工精度控制方法. ZL201210238950.9[P]. 2014-07-02.

[11]石光林，朱林，陆维钊，等. 大型覆盖件的冲压加工质量控制方法. ZL2012103440998[P]. 2014-12-24.

[12]石光林，朱林，刘丽，等. 一种汽车覆盖件拉延模具合模间隙检测方法. ZL201410848052.4[P]. 2017-10-03.

[13]石光林，温宗胤，邵以东. 基于三坐标测量机的曲面数字化研究与实践[J]. 现代制造工程，2002（8）：50-52.

[14]石光林，邵以东. 数字交换标准在 CMM/CAD 系统中的应用研究[J]. 广西工学院学报，2007（3）：33-35.

[15]石光林，朱林，王汝贵，等. 基于反求修正模型技术的装载机板焊桥壳疲劳寿命分析[J]. 机械设计，2015，32（01）：86-89.

[16]朱林，石光林，杨阳，等. 基于反求手段的装载机驱动桥壳冲压质量检测与模型修正[J]. 工程机械，2014，45（9）：39-43.

[17] Shi G L，Cheng J H，Lv S W，et al. The Stamping Springback Compensation Technology Study for an Auto B Pillar [C]. Proceedings of the 2nd International Conference on Intelligent Manufacturing and Materials，2018，06：354-358.

[18]成思源，谢韶旺. 逆向工程技术及应用[M]. 北京：清华大学出版社，2010.

[19]张学昌. 逆向建模技术与产品创新设计[M]. 北京：北京大学出版社，2009.

[20]张德海. 三维数字化建模与逆向工程[M]. 北京：北京大学出版社，2016.

[21]龚志辉. 基于逆向工程技术的汽车覆盖件回弹研究[D]. 长沙：湖南大学，2007.

[22]解则晓，张梅凤，张志伟. 全场视觉自扫描测量系统[J]. 机械工程学报，2007，43（11）：189-193.

[23]张德海，梁晋，唐正宗，等. 基于近景摄影测量和三维光学测量的大幅面测量新方法[J]. 机械工程学报，2009，20（7）：817-822.

[24]何洪文，赵海燕，钮文翀，等. 应用三维激光扫描法测量板材的焊接变形[J]. 焊接学报，2011，32（12）：9-12，113.

[25]胡浩. 振镜扫描式激光焊接系统的研究[D]. 武汉：华中科技大学，2011.

[26]程金海. 车身覆盖件模具刚度分析及设计研究[D]. 柳州：广西科技大学，2019.

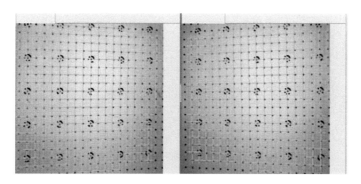

图 2-6　二维相机图片

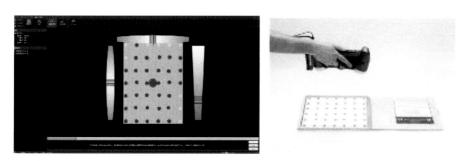

图 3-8　扫描仪的校准

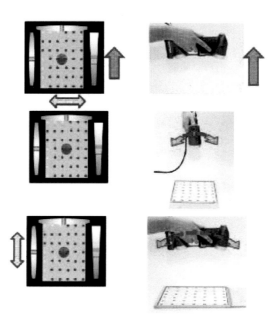

图 3-9　校准具体流程

图 3-16　标点识别

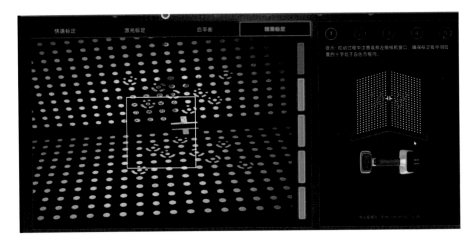

图 4-18　相机标定第一步采集完成

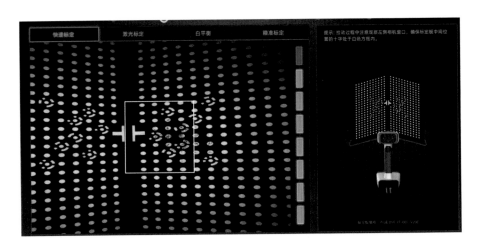

图 4-20　快速标定界面

（a）距离过近　（b）距离最佳　（c）距离过远

图 4-40　不同距离指示灯颜色

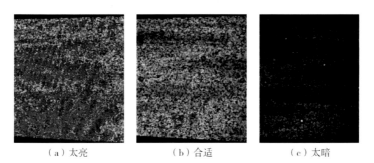

（a）太亮　　　　　（b）合适　　　　　（c）太暗

图 4-42　相机亮度

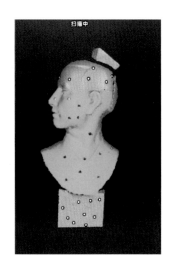

图 4-48　标志点扫描

（a）色彩丰富，高对比度　　（b）色彩单一，大色块

图 4-53　适合采用纹理拼接的物体

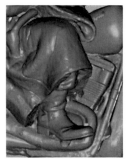

（a）未生成点云数据　　（b）生成点云优化后的数据

图 4-57　优化前后对比图

图 5-9　喷铸齿轮的 CT 图像

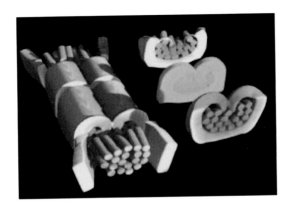

图 5-10　1.4mm 压接高度的 CT 图像

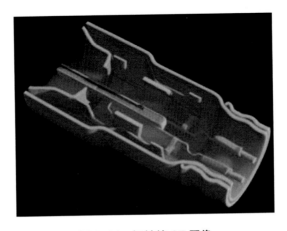

图 5-11　探针的 CT 图像